孟老师的下午茶

孟兆庆◎著

辽宁科学技术出版社
·沈 阳·

用闻的、用尝的“千面女郎”

对每个男人而言，或许嘴上不敢承认，但潜意识里总希望女人能够在不同场合扮演不同角色，亦娇羞亦奔放，亦出得厅堂亦进得厨房；倘若眼前的女人无法达到这样完美多变的境界，那么就只好在现实生活中另外再寻觅“一个”喽！而我的“这一个”就是——Ms Dimsun（点心小姐）！

它是我的“情人”——无论何时何地，无论刮风下雨，只要我想要，它就会陪在我的身边。

享受着涂了厚厚一层奶油和果酱的“司康饼”，让我仿佛是正在偷情的英国公爵，吃了一嘴的唇膏；掰着一口一口散发着淡淡香甜的“黑枣核桃糕”，这会儿我又成了躺在卧床上的特务头子，沾了满身的水粉香。

它是我的“妈妈”——不管再饱再饿，不管大鱼大肉，就算没时间，它还是要您多吃一点儿。

就像妈妈一样没有浓妆艳抹，只有扎实内容的“美式重奶酪蛋糕”，典型的妈妈拿手料理；只有吃到了“苹果酥派”，您才会惊觉怎么那么快又到了收获苹果的季节，也只有妈妈永远都会记得在最好时节做出最好的料理。

它是我的“婆婆”——哪怕科技再进步，哪怕时代再演变，有形无形的，它永远勾起您的回忆。

做起来简单容易，全家人一同参与，起锅的“炸薯球”永远等不到放凉，就会消失在穿梭于客厅和厨房间孩子的嘴里；只要看到黑糊糊的“布朗尼”，就会马上联想到穿着围裙的美国胖婆婆，热情地招呼大家分享刚出炉的美味。

它是我的“爱人”——虽然您在工作她在持家，虽然您在北京她在中国台北，不用表示，它一直是您永远的爱。

外表看起来坚强，内心却是万分的柔软，就像“法式脆糖烤布丁”一样，一道点心两种享受，又冷又热，又硬又软；不是激情强烈的爱，没有刺口刺鼻的直接刺激，吃完了以后，口腔、鼻腔都还是“薰衣草奶酪”的余香。

“下午茶”虽然名字叫“下午”，可是没人规定非得在下午的时间里品尝，任何时间想到了，任何地点想要了，都可以来上一回，而且每次都可以换不同的“女郎”哦！

喜欢点心的人，从这本书里可以感觉到您的它，让它陪您在想象中度过一个不同感觉的Tea Time；爱做点心的人，从这本书里可以学会做出一群它，让它们围绕着您一起营造属于自己的Tea Time；而我，借由孟老师的新书，和您在Tea Time一同分享这个千面女郎——我的最爱！

徐志方

败家女的优雅午茶时光

这个世界上“败家女”有很多种，有的喜欢买鞋子、衣服；有的喜欢买珠宝、首饰；有的喜欢买化妆品、保养品；但是孟老师比较与众不同，她可以为了制作或创新甜点，把自己的精神和金钱通通“牺牲”！

为什么我敢说得这么绝对呢？因为我眼见为凭！记得有次要录圣诞节的节目时，那天孟老师特别开心。在她把准备好的食材拿出来后，又从另一个箱子拿出了一堆红红绿绿形状不一的盘子，红红绿绿烫着金字或有金蕾丝的缎带、应景的蜡烛、花环、松果……只要与圣诞节有关的，您都看得到。最劲爆的是孟老师还带了一瓶香槟来，前面所说的那些东西是为了要点缀甜点更有过节的气氛，至于那瓶香槟则是孟老师的坚持。我问孟老师是不是把家里过节的家当都搬来了？孟老师说：“没有！是为了今天这几道甜点而买的。”我又问她：“那师丈是不是也觉得您很会乱花钱？”她说师丈也很开心地告诉她：“买呀！买呀！”

哎！水瓶座碰上天秤座就是一种永无止境的败家！相信常看我们节目的观众朋友一定会注意到，只要我们在试吃甜点的时候，旁边一定会有一个茶杯，有的时候里面装的是水，但只要是孟老师来，我们就一定喝得到孟老师亲手冲的茶（偶尔会因为搭配甜点，还有不同口味的茶喔）。

这就是孟老师绝对很“龟毛”的地方，而且还会不厌其烦地叮咛您在吃下一个甜点前，一定要喝口茶过过口，即使您原本就会这么做。

这就是孟老师！而她的“龟毛”从不曾对我造成任何的困扰。因为我同样在生活上也是个“龟毛人”，而且也享受着与孟老师那种相互撞击出火花的爽快。

如果您也觉得在日常生活细节中，也有很多所谓的“坚持”，也是个“龟毛人”的话，那看孟老师的食谱一定会带给您很大的满足。因为孟老师绝对会让您在家吃甜点就有如置身在五星级饭店或世界上任何一个角落，高雅、悠闲地享受着下午茶的乐趣。

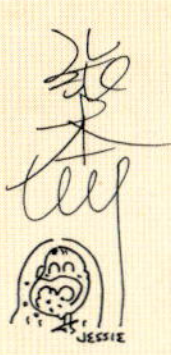

来我家喝下午茶吧!

有时候很感谢上苍，让“甜点与我”做了精采的邂逅，从做甜点、教甜点到说甜点，时时刻刻与甜点为伍。甜点丰富了我的生活，也美化了我的人生。常常沾沾自喜，真好！我品尝甜点的机会还多于一般人呢！

直到现在，我还是喜欢沉浸在甜点世界中，从称料开始，手拿打蛋器、橡皮刮刀搅拌，过筛面粉，最后再刮下那根浑圆饱满又黑漆油亮的香草豆荚，我把每一个细节幻想成美妙音符的串联，对我而言，这从来都不是一件苦差事。层层步骤的堆砌即是引爆美味的开始，有时我会自恋地陶醉：嗯！吃了我甜点的人，可要甜入心坎儿而毕生难忘了！

法国美食家妙莉叶·芭贝里在《终极美味》一书中提到：“吃糕点不要在充饥果腹的时候，才能仔细品尝它的细致，香甜柔软的绝品不是用来满足基本的欲望，而是在味蕾涂上一层世界的美好。”或许因为如此，甜点的出现，特别像是额外的惊喜。也难怪许多人在享用的同时，永远是一副嘴角上扬的幸福表情。

所以你一定有这样的经验：有时好想找个安静的地方坐下来和朋友聊聊天、吃吃甜点，纾解一下工作压力，分享一下生活心情；有时觉得只是闲嗑牙、纯消磨时间也好。而接下来总是那句话：“那，我们去喝下午茶吧！”

不管以什么理由、什么动机喝下午茶，毫无疑问，下午茶似乎真是可以让你利用片刻时光享受短暂悠闲的速成方式。

真的！每当下午茶时间一到，很容易观察到一个装潢优雅又布置温馨的场景，每个客人都沉醉在悠闲气氛中，一边聊天一边享用精致可口的点心，你的心情跟着放松起来，还不由自主洋溢着幸福感。这时候，你大概不会太在意嘴里品尝的是何种口味的糕点、喝着什么品种的红茶吧？反而比较在意寻求享受迷人的当下闲逸与优雅滋味吧！

市面上的下午茶五花八门、讲究各式排场，可以尽情各取所需，不管你欣赏精致的纯英式下午茶，或是偏爱热闹非凡的吃到饱下午茶，无论如何，都可在下午茶进行式中，满足嗜甜点的口腹之欲，但最大缺点却是在急于控制时间的情况下，常常忽略了该有的优雅与自在，每每时间一到，你就必须在意犹未尽的情况下买单走人。

我迷上甜点，我恋上下午茶，但这一次我不想出门了，好想请你来我家喝下午茶，不必将就时间的限制，可以随心所欲地设计安排，怡然自得来享受下午茶。书内有很多点心是我在“食全食美”节目中曾经示范过、结果叫好又叫座的，活灵活现的甜点被主持人焦志方挑逗得让人垂涎三尺，电视机前的你却只能远观而无法品尝。这一次，我将美味再度端上桌与大家分享，你不必与口腹之欲作对，你一定要动手做做看，细细体验甜点的美好滋味。你也不必在意家里的灯光不美、气氛不佳，即便是一杯三合一的速溶咖啡、一块烘烤不甚完美的布朗尼，或是几片上色不够均匀的小饼干，都是你精心列出的幸福清单。因为你享受到的可是“独家”下午茶，绝非一般金钱消费可比拟的。偶尔在生活中搞点儿浪漫、玩点儿优雅，刻意“点缀”生活绝对是必要的。那我们可要共同约定，一定要常常对你的朋友说：“来我家喝下午茶吧！”

孟兆庆

如何使用本书?

不同的时刻不同的主题： 不管是独处时光、情侣约会或呼朋引伴，孟老师都会告诉您如何依自己的时间喜好设计不同的下午茶会。

玩了好久的烘焙，什么样的
甜点也都难不倒自己，
那就表现一下吧！好好享受
朋友崇拜的眼神

Part8 自我表现的下午茶

设计重点： 种类、口感兼具，还可随性享受现烤现出炉的美味与乐趣。

点心与饮品清单：

1.法式千层糕
2.柠檬小挞 + 热可可
3.法式脆糖烤布丁
4.巧克力舒芙蕾
5.意式咖啡奶冻蛋糕
6.抹茶卷心酥饼
7.布烈挞尼酥饼 + 薄荷话梅热茶
8.拿铁慕斯杯
9.炸薯球
10.吉士饼 + 冰摩卡咖啡

孟老师的贴心叮咛： 各种不同主题下午茶会的设计重点与搭配巧思。

各式主题推荐的点心与饮品： 您可从孟老师所示范的各式点心与饮品中找出您最喜欢的一种或数种任意地搭配。

一句话点出此款下午茶点心的特色。

下午茶点心的正确名称。

所准备材料可做出此道点心的分量数。

前置作业关乎成败，而“工欲善其事，必先利其器”，准备适当道具是另一个做好点心的必要条件。

准备适当分量的材料更是做好点心的必要条件。

详细的制作步骤解说与分解图，让您操作时不容易出错。

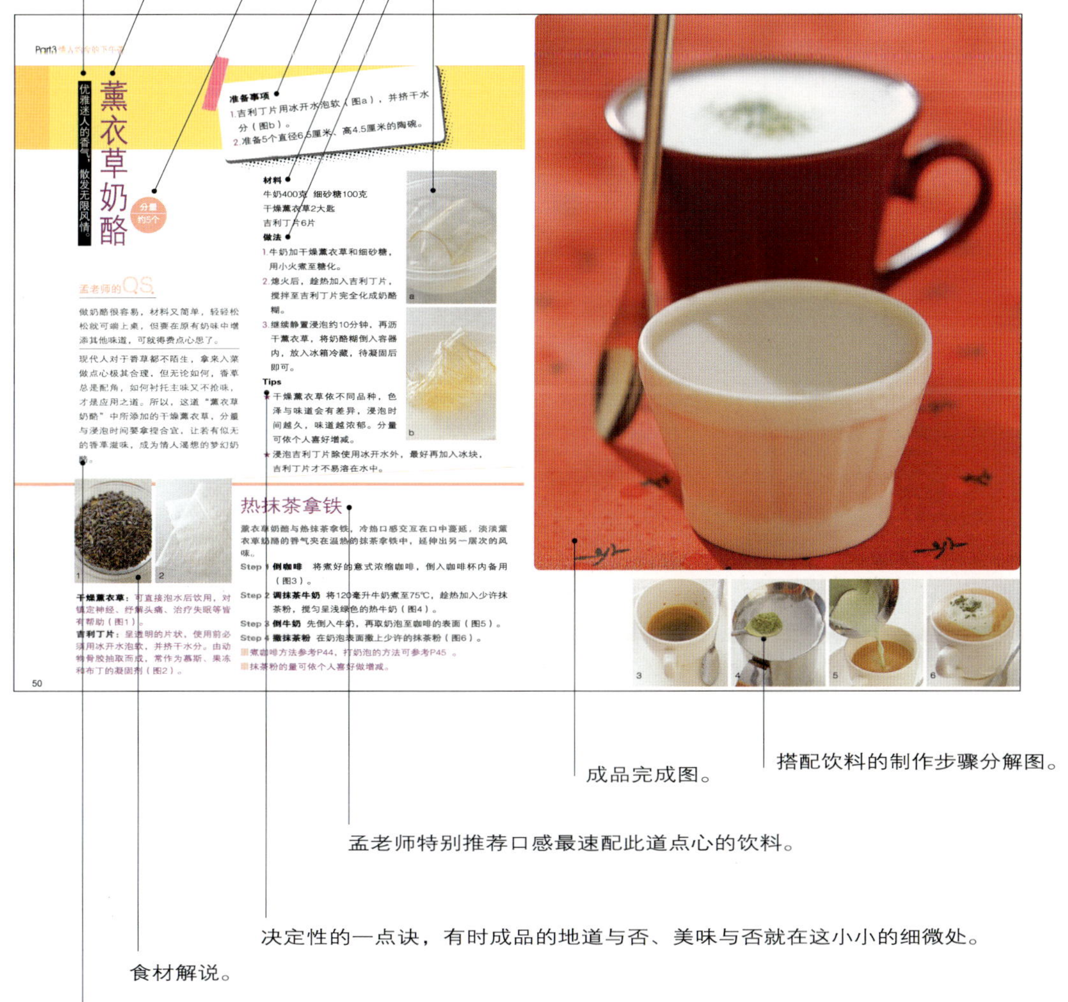

Part3 情人节的下午茶

优雅迷人的香气，散发无限风情。

薰衣草奶酪

分量 约5个

准备事项

1. 吉利丁片用冰开水泡软（图a），并挤干水分（图b）。
2. 准备5个直径6.5厘米、高4.5厘米的陶碗。

材料

牛奶400克 细砂糖100克
干燥薰衣草2大匙
吉利丁片6片

做法

1. 牛奶加干燥薰衣草和细砂糖，用小火煮至糖化。
2. 熄火后，趁热加入吉利丁片，搅拌至吉利丁片完全化成奶酪糊。
3. 继续静置浸泡约10分钟，再沥干薰衣草，将奶酪糊倒入容器内，放入冰箱冷藏，待凝固后即可。

Tips

★干燥薰衣草依不同品种，色泽与味道会有差异，浸泡时间越久，味道越浓郁。分量可依个人喜好增减。
★浸泡吉利丁片除使用冰开水外，最好再加入冰块，吉利丁片才不易溶在水中。

a

b

孟老师的QS

做奶酪很容易，材料又简单，轻轻松松就可端上桌，但要在原有奶味中增添其他味道，可就得费点心思了。

现代人对于香草都不陌生，拿来入菜做点心极其合理，但无论如何，香草总是配角，如何衬托主味又不抢味，才是应用之道。所以，这道“薰衣草奶酪”中所添加的干燥薰衣草，分量与浸泡时间要拿捏合宜，让若有似无的香草滋味，成为情人渴想的梦幻奶酪。

1

2

干燥薰衣草：可直接泡水后饮用，对镇定神经、纾解头痛、治疗失眠等皆有帮助（图1）。
吉利丁片：呈透明的片状，使用前必须用冰开水泡软，并挤干水分。由动物骨胶抽取而成，常作为慕斯、果冻和布丁的凝固剂（图2）。

热抹茶拿铁

薰衣草奶酪与热抹茶拿铁，冷热口感交互在口中蔓延，淡淡薰衣草奶酪的香气夹在温热的抹茶拿铁中，延伸出另一层次的风味。

Step 1 **倒咖啡** 将煮好的意式浓缩咖啡，倒入咖啡杯内备用（图3）。
Step 2 **调抹茶牛奶** 将120毫升牛奶煮至75℃，趁热加入少许抹茶粉，搅匀呈浅绿色的热牛奶（图4）。
Step 3 **倒牛奶** 先倒入牛奶，再取奶泡至咖啡的表面（图5）。
Step 4 **撒抹茶粉** 在奶泡表面撒上少许的抹茶粉（图6）。
■煮咖啡方法参考P44，打奶泡的方法可参考P45 。
■抹茶粉的量可依个人喜好做增减。

3 4 5 6

50

成品完成图。

搭配饮料的制作步骤分解图。

孟老师特别推荐口感最速配此道点心的饮料。

决定性的一点诀，有时成品的地道与否、美味与否就在这小小的细微处。

食材解说。

孟老师对此道点心的背景说明和经验传达。

目录

CONTENTS

Part1 独处时光的下午茶

关掉手机，
口中喝着温热的卡布奇诺，
配着精巧的小西点，
耳边传来舒伯特的小夜曲，
慵懒地窝在舒适的沙发上，
静静地享受一个人的世界。

◎设计重点：
不用刀叉，随兴品尝的方便点心，配合独处的心情，沉思、阅读、聆听音乐皆能怡然自得。

Part2 谈心八卦的下午茶

好友为伴，甜点助兴，
无论是分享、倾吐彼此的生活心情，
还是喝咖啡聊是非，
不管到几时也无所谓。

◎设计重点：
咖啡店、饭店流行的精致糕点，随性搭配咖啡或茶。

Part3 情人约会的下午茶

悠闲的午后，
制作几样精致小点，
展现一下自己的巧手，
和亲密爱人诉说着甜蜜心事。

◎设计重点：
两人的世界，点心种类不必多，但是以口感丰富为原则。

Part4 快速方便的下午茶

逃离繁杂琐碎的工作，
营造一个放松的心情，
期待一场简便又优雅的速成下午茶。

◎设计重点：
以市面上现有的半成品为素材，省时省力地运用。

Part5 享“瘦”甜美的下午茶

热量低一点儿，美味依旧在，
享受悠哉没有负担的下午茶。

◎设计重点：
低脂、低糖为重点，口味偏向清淡爽口。

Part6 美味延伸的下午茶

招待好友，不用担心自己的料理手艺，
在家也可以安排一场宾主尽欢吃到饱的下午茶。

◎设计重点：
咸、甜兼具的点心，让美味延伸，取代正餐时刻。

Part7 贵族品位的下午茶

精致的餐盘佐以令人赞叹的甜点，
营造生活品位，就从优雅的下午茶开始。

◎设计重点：
多层次的口感交织在精心布置的优雅气氛中，
可媲美五星级饭店。

Part8 自我表现的下午茶

玩了好久的烘焙，什么样的甜点也都难不倒自己，
那就表现一下吧！好好享受朋友崇拜的眼神。

◎设计重点：
种类、口感兼具，还可随性享受现烤现出炉的美味与乐趣。

甜点表演的舞台就在下午茶

有很多人把“吃甜点”和“会发胖”画上等号。如果单纯视甜点为食物，当然就会错看了甜点的真正身份，在所有食物中，我坚信，只有甜点才会叫人发出赞叹声，在品尝的同时，从味蕾的体验到心境的感受，很少有其他食物会被以“幸福极了”来形容，因此大多时候，只是借由甜点搜寻美味的渴望、心情的愉悦及情境的享受，甜点虽非正餐，也非每天饮食中的必需品，但少了它，总感觉生活少了一剂调味料，因此，适时的解馋或被安排的出现，是无关乎发胖的。

您听过“一定要品尝到饭后甜点，美味的一餐才算画下完美的句点”这样颂扬甜点的话吗？我想不只是我，还有更多甜点狂热者一定也抱着跟我相同的想法。所以，如果仅以“附属品”之姿让甜点委屈地出现，在类别、口感与搭配性上都给予一定的规范与限制，又怎么能一窥甜点世界美味的奥妙？

甜点终究是有异于其他食物的，特别是其外形的独创性，大量采用新鲜的水果、诱人的巧克力和浓郁的坚果，甚至料理中的辛香料也常被用来加强内容和香味，以塑造内在的味觉与外在的形象，益发显得甜点就是创意与巧思的产物，尤其红花还需绿叶的陪衬，啖一口精致甜点，再啜饮香茶或咖啡，下午茶的时间与空间给予了甜点跃升主角的机会，也让甜点在下午茶的舞台散发无穷魅力。

正统下午茶
英国式的优雅风情

谈起所谓的正统下午茶，必须要追溯到19世纪的英国，有一位贝德福公爵的夫人安娜女士，常在午餐与晚餐间感到饥饿，所以要她的侍仆准备一些茶与糕点稍稍果腹一下，渐渐地，安娜夫人的习惯竟蔚为风气，后来甚至演变成名媛淑女聚会的方式，最后更融入了英国人的日常生活中，时至今日，优雅的英式下午茶已飘香至全世界。

正统的英式下午茶，从糕点、喝茶到排场，讲究的是华贵优雅。糕点中最具代表的是小三明治、司康饼（Scone）佐以果酱或奶油、水果挞及奶油蛋糕等，再依序装在精美的三层点心架上，品尝时也得遵照顺序从最下层的咸点至最上层的甜点，同时再啜饮与点心搭配的上好红茶，杯盘交错之际，展现英式午茶的特有优雅风情。

另外，为了表现英国式的绅士、淑女风范和气度，下午茶的各项礼仪、服装及品饮时的各项规则也不得忽略，彰显出英式午茶即是尊贵、品位及富裕的表现。

偷闲享受下午茶
让生活品位展现万种风情

对现代人来说，在忙碌的生活中，只有刻意放慢脚步，才能为自己寻求到悠游自在的美好时光。其实只要兴志所至，不必拘泥于传统的繁文缛节，即使只能找出短短的30分钟或15分钟，也可以用很简便、快速的方法为自己营造一段轻松的偷闲午茶时间；周末假日有比较多空闲时段，更可以精心为自己与朋友办一场家庭下午茶Party，有私房Home Made小点心、亲手调的饮料，与三五好友在吃吃喝喝中体会与分享彼此的生活。

在家安排下午茶
转换心情、创造惊喜，就从下午茶开始

想要在家享受悠闲的下午茶并非难事，无论独处沏壶自己爱喝的茶，配上两片饼干，还是呼朋引伴随性登场或是隆盛排场，都可以随心所欲从甜点这项主要元素中找到下午茶的悠闲，其次再选几样道具，烘托一下甜点的幸福温馨气氛，一点儿都不困难。

下午茶时光有别于一般的料理宴客，您可以依自己的时间安排，事先制作几样小点心，从容不迫地期待下午茶聚会。

点心的准备→各取所需、因人而异、投其所好

★独处的下午茶，以随兴为原则，可视个人的口味或当时心情为自己烘烤几样点心。若两人以上的下午茶，首先需依据人数多寡和朋友的口味偏好，来准备分量和安排制作的内容。

★将点心分类，在自己较空闲的时间分批制作，如慕斯和布丁类的冷点可提前两天制作并冷藏保存；耐放的常温型蛋糕如黑枣核桃蛋糕、马德雷妮和古典巧克力蛋糕可以提前三天烘烤；热食的点心如开胃咸挞可将挞皮先完成、面包布丁内的吐司先烤过，其次运用更方便的饼干类，保存期限约可达一星期以上，安排制作的时间更可运用自如。

★可依书中介绍，做贴心又理想的搭配或是穿插各式口味，如您的下午茶时间较长，“咸、甜兼具”的组合最为理想，如此才能满足每一张嘴品尝时的满足感和协调感。

饮料的搭配→无论品茶或喝咖啡，都不必讲究门道

★大多以红茶为主，虽然红茶的品目繁多，但不必刻意深究，建议可考虑方便选购的伯爵茶（Earl Grey）、锡兰红茶或大吉岭茶等纯味红茶，无论单纯品尝茶香滋味或是与点心搭配都适宜；另外，各式水果茶、花茶及香草茶的搭配也无黄金定律，完全以个人喜好的“速配”感为原则。

★如果想要在家享用一杯较为完美的意式浓缩咖啡是需要一些条件配合的，除了需要一台好的电动蒸汽浓缩咖啡机外，还要搭配新鲜的咖啡豆和熟练的制作技巧，以短短20秒的时间高压萃取出浓缩咖啡，质量也能媲美营业水平。其次的选择是简便的摩卡壶，虽然无法像机器一样提供高压，呈现完美制作，但也能有喝浓缩咖啡的意境。

★除了书中提供的各式咖啡调配法外，也可以闲适地煮一杯优雅的虹吸式咖啡，或是简便地利用一般咖啡壶煮一壶美式咖啡，甚至是更随性地冲泡一杯速溶咖啡，来搭配一口自己喜爱的糕点，只要您觉得愉悦、自在，这样做、那样做，怎么做都行。

气氛的布置→不必大费周章，宾主尽欢即可

悠闲的午后甜蜜时光，在家享受下午茶，不必刻意布置华丽的排场，最好以身处其中感觉舒适又温馨为原则，您可以很轻松自在地放一些喜欢的音乐，选一个静谧的角落，管它是客厅还是阳台，只要将餐桌或茶几铺上桌巾，并摆放鲜花或新鲜水果稍加装饰，优雅的气氛便能轻易营造出来，自己一人随意窝在舒适的沙发上或是三五好友席地而坐，都能怡然自得。

道具的选用→量力而为，依需要选购

毫无疑问，精美的下午茶道具绝对会产生塑造情境的效果，品尝时也能有意想不到的滋味体验，虽然不必样样考究，非得威基伍德（Wedgwood）的精致陶瓷，但最好也不要毫不在意地随便以塑料免洗容器草率登场，既违背环保，更让下午茶失色不少，甚至因此变得毫无品位。因此，建议您依个人需要或选购上的方便性来选用以下道具：

1. 杯具组

一般咖啡杯容量约150毫升

意式浓缩咖啡杯容量约60毫升

红茶杯容量约150毫升（窄底宽口）

2. 陶瓷壶

保温性佳，适合冲泡红茶，可依需要选用不同的容量。

3. 玻璃壶

冲泡时较有视觉效果，适合冲泡水果茶、花茶和香草茶，可依需要选用不同的容量。

4. 滤茶网

焖泡红茶后，很方便滤出茶汤，有各式金属和瓷器制品。

5. 沙漏定时器

冲泡各式茶饮时，可帮助计时，分别有1分、2分和5分钟的设计。

6. 茶匙

可方便量出红茶的分量，一匙约3克。

7. 糖罐&奶盅

盛放糖和牛奶的容器。

8. 点心盘＆点心叉＆小汤匙

点心盘可依需要选用不同的尺寸；点心叉可分别用在点心或水果上；小汤匙使用在咖啡或各式茶饮时搅拌砂糖用。

9. 蛋糕铲

切割蛋糕后可方便取用，分别有陶瓷或金属可供选用。

10. 小抹刀

涂抹奶油或果酱时使用。

11. 涂抹奶油或果酱时使用。

盛放奶油及果酱的小容器。

12. 二层点心架

可依需要选用不同的材质和尺寸。

13. 三层点心架

可依需要选用不同的材质和尺寸。

14. 奶泡壶

利用手工将牛奶不断地打入大量的空气，制出绵密的奶泡。

关掉手机，
口中喝着温热的卡布奇诺，
配着精巧的小西点，
耳边传来舒伯特的小夜曲，
慵懒地窝在舒适的沙发上，
静静地享受一个人的世界。

Part1 独处时光的下午茶

设计重点：不用刀叉，随兴品尝的方便点心，配合独处的心情，沉思、阅读、聆听音乐皆怡然自得。

点心与饮品清单：

1.香酥吉士饼干

2.芝麻杏仁小西饼 + 伯爵红茶

3.核桃奶酥饼干 + 伯爵奶茶

4.西班牙酥饼

5.辣味饼干

香酥吉士饼干

唤起舌尖震撼的另类滋味。

分量 约30片

准备事项

1. 无盐奶油放在室温下软化。
2. 烟熏吉士刨成细丝（图a）。
3. 烤箱预热。

材料

无盐奶油65克　细砂糖20克　烟熏吉士50克　牛奶50克　低筋面粉100克

做法

1. 无盐奶油加入细砂糖，用橡皮刮刀搅拌均匀，再分别加入烟熏吉士丝和牛奶。
2. 筛入面粉，继续用橡皮刮刀轻轻拌和成面团状。
3. 将做法2的面团包在保鲜膜内，压成扁平状冷藏松弛30分钟后，擀成厚约0.4厘米的长方形，再切成长约7厘米、宽约1厘米的长条状，直接放在烤盘上（图b）。
4. 用上火180℃、下火150℃烘烤的20分钟左右，关火后再继续焖10分钟即可。

Tips

★ 加入牛奶后尚未与奶油糊混合均匀时，即可直接筛入面粉拌和成团。

★ 面团整形时，双手可蘸面粉以防黏手。

★ 如没有刨吉士的工具，可用刀尽量切碎。

a

b

孟老师的Q.S.

这种饼干常出现在下午茶中，有时也作为西餐的开胃菜食用。可做成圆饼状，在表面放上各式海鲜、肉类或各种口味的美乃滋。

单纯品尝它，更能吃出浓郁又微咸的烟熏吉士风味，尤其经过烘烤，饼干组织变得更酥松，味道厚实又香醇，很能突显特殊的饼干风味。身为烘焙玩家的您，不妨可试着变换另一种同属性的吉士做做看。

烟熏吉士（Smoked Cheese）： 即戈达（克ouda）奶酪利用烟熏加工而成，气味浓郁，属于半硬质奶酪，可以切割或刨成丝状。制成后以蜡纸包裹，并在外层用蜡完全封住以增长保存期限。食用时必须将蜡及蜡纸去除，开封后的切口则用保鲜膜包好，防止干燥，并冷藏保存。

芝麻杏仁小西饼

小巧精致，令人爱不释口。

分量 约60个

准备事项

1.无盐奶油放在室温下软化。

2.烤箱预热。

材料

A.无盐奶油70克 糖粉50克 香草精1/2小匙 动物性鲜奶油15克 低筋面粉100克

B.装饰：蛋黄1个 白芝麻适量 杏仁片适量

做法

1.无盐奶油加糖粉和香草精先用橡皮刮刀搅拌均匀，再加入动物性鲜奶油拌匀。

2.筛入面粉，继续用橡皮刮刀轻轻拌成面团状，再分成两等份，整形成直径约1.5厘米细的圆柱体，分别包入保鲜膜内。

3.做法2的面团冷藏约1小时，待面团凝固后，将外表全部刷上蛋黄液（图a），并在白芝麻堆中来回滚动，以便均匀沾裹上白芝麻（图b）。

4.将做法3的面团切割成每个约1厘米的厚度，在小面团表面刷上均匀的蛋黄液，并放一片杏仁片（图c）。

5.用上火180℃、下火160℃烤约20分钟。

Tips

★蛋黄液只要均匀地薄薄刷一层即可，不要过多，以免烘烤后成品颜色过深。

★避免奶油糊发过火，所以不要用搅拌机或打蛋器，才不会使饼干的形状扩散。

a

b

c

孟老师的Q.S.

不知道您有没有发现，很多烘焙点心的食材似乎都大同小异，不外乎糖、油、蛋、粉在变花样。奇妙的是，呈现出来的东西却很不同，吃起来的感觉也有差异。这就是烘焙最好玩的化学变化，所谓牵一发动全身，只要在材料中稍微动个手脚，就会与原来的风味大异其趣，甚至只要将尺寸、形状改变一下，就能享受到不同的品尝乐趣。

这道“芝麻杏仁小西饼”也不过就是一些平淡无奇的食材，只不过刻意把尺寸做得比一般饼干小，外表再加点料，就出现令人意想不到的风味！

杏仁片（Almond）：是由整颗的杏仁粒切片而成，常混合在西点的内馅或面团中烘烤或用于装饰，口感香脆，必须冷藏保存。

伯爵红茶

芝麻杏仁小西饼属于重口味的饼干，搭配红茶品尝的同时，口感可以获得舒缓，且不会腻口。

1

2

3

4

5

Step 1 **温壶** 冲入沸腾的滚水，将茶壶温热一下（图1）。

Step 2 **放茶叶** 放入3 匙茶叶（图2）。

Step 3 **注热水** 注入约500毫升的热水（图3）。

Step 4 **等待** 盖上盖子，用沙漏或定时器计时，焖泡2分钟（图4）。

Step 5 **完成** 将浸泡后的茶汤滤出，即可品饮（图5）。

■1人份红茶的标准量匙是1匙＝3克。

■每一份红茶大约配180毫升的水。

核桃奶酥饼干

酥松口感加奶香滋味是美味的关键。

分量 约35个

准备事项

1.无盐奶油放在室温下软化。
2.核桃先用上、下火各150℃烘烤10分钟，再用料理机打成细末状（图a）。
3.烤箱预热。

材料

无盐奶油100克
细砂糖70克　香草精1/2小匙
蛋黄35克
低筋面粉100克
核桃40克

a

做法

1.无盐奶油加细砂糖和香草精用搅拌机搅打均匀，再将蛋黄加入继续拌匀。
2.筛入面粉并直接加入核桃细末，用橡皮刮刀轻轻拌匀成面糊状。
3.将面糊装入挤花袋中，用尖齿花嘴挤出直径约3厘米的旋转造型。
4.用上火180℃、下火160℃烘烤约25分钟。

Tips

★没有料理机，可将核桃装入塑料袋中，用擀面杖压成细末状。
★除用挤花袋挤造型外，也可用汤匙取适量面糊，直接舀在烤盘上烘烤。

孟老师的Q.S.

很多人偏好酥松的饼干口感，咬下去的刹那，香气在口腔中漫延，咀嚼起来不会过硬也不会过软。奶酥饼干常让人联想到喜饼礼盒的代表饼干，无论什么样的口味，都吸引饼干爱好者想要一吃为快，尤其再配上一口热热的奶茶，真是幸福极了！

一般在饼干中添加坚果可明显吃到颗粒的口感，但若试着将它磨成粉末状，再与主料面粉合为一体，就会发现，即使没放泡打粉，饼干吃起来也是又“奶”又“酥”，这就是擅用食材来发挥最佳特性的创意。

伯爵奶茶

核桃的香气搭配奶茶很对味，尤其在奶茶中加少许的砂糖调味，味道更浓郁香甜。

1

2

3

Step 1 温壶 冲入沸腾的滚水，将茶壶温热一下。
Step 2 放茶叶 放入3匙的茶叶。
Step 3 注热水 注入约500毫升的热水。
Step 4 等待 盖上盖子，用沙漏或定时器计时，焖泡5分钟（图1）。
Step 5 滤茶汤 焖茶叶的时间较长，颜色较深，将茶汤滤出至杯内约八分满（图2）。
Step 6 完成 将热牛奶倒入杯内搅拌一下，可依个人习惯决定是否要放糖（图3）。

■制作奶茶的红茶味道要更浓，茶叶可多放 1 匙。
■牛奶的量可依个人喜好浓度做增减。

西班牙酥饼

瞬间化开的绝妙美味。

分量 约12片

准备事项
1.烤箱预热。
2.低筋面粉先用上、下火各180℃烘烤10分钟，放凉后过筛备用。
3.无盐奶油放在室温下软化。

材料

低筋面粉125克 糖粉50克 杏仁粉25克 柠檬皮1个
无盐奶油45克 白油45克 全蛋15克

做法

1.低筋面粉、糖粉与杏仁粉混合均匀备用。
2.用擦姜板磨出柠檬皮屑（图a）直接混在做法1的粉料中，接着加入奶油、白油及全蛋，用手抓揉混合成面团（图b）。
3.将面团擀成厚约1厘米的片状，再用直径约5厘米的圆模型切割出小圆片状。
4.用上火180℃、下火160℃烘烤约30分钟。

Tips

★低筋面粉经过烘烤后会出现颗粒状，务必记得过筛。
★白油的分量可用无盐奶油取代。
★模型的大小可随个人方便而改变。

a

b

孟老师的Q.S.

这是一道西班牙有名的传统点心，酥松的组织、绵细的口感是其特色，尤其还带有微微的柠檬香，吃过的人无不被那酥到极点的口感所慑服。几年前，我在“食全食美”节目中曾经示范过，记得当时主持人焦志方先生的评语就是：根本不用咬，用嘴一抿就化开了，简直就是西班牙桃酥嘛！

制作前，别忘了先将面粉烘烤熟化，让面粉筋性消失，这样完成后的成品没有任何“咬劲”，一吃就化在舌尖。喜欢的话，还可在材料中添加肉桂粉以增加特殊香气。

白油：为植物性油脂，呈白色固态状，其熔点较无盐奶油高，多用于饼干或派皮上，烘烤后的成品口感酥松。拆封后应放于室温阴凉处保存。

辣味饼干

香辣口感挑战您的味蕾。

分量 约30片

准备事项

1. 低筋面粉、糖粉和辣椒粉混合过筛。
2. 无盐奶油放在室温下软化。
3. 烤箱预热。

材料

低筋面粉100克 糖粉30克 辣椒粉1小匙 蛋黄1个
无盐奶油80克 蛋白1个

做法

1. 将过筛的粉料加上蛋黄和软化的奶油，用手抓揉混合成面团，放在保鲜膜上压平包好，冷藏30分钟以上。
2. 将面团擀成约0.5厘米的厚片，再用直径约3厘米的圆模型切割出小圆片状。
3. 在面团表面均匀地刷上蛋白，用上火180℃、下火160℃烘烤约20分钟。

Tips

★ 辣椒粉可依个人嗜辣程度增减。
★ 面团表面刷蛋白的动作也可省略。

孟老师的O.S.

就研发点心的立场而言，创新与大胆必须兼备。过去总习惯墨守成规，遵循传统的制作概念，应用最熟悉的食材来做点心，似乎如此才觉得有“安全感”。其实，玩烘焙就和做菜一样，不妨大胆利用食材，只要从制作到品尝一切都合理化，能表现出最佳协调感，那就可以成立。

提到“辣”，脑海中会出现一堆辛香料的名字，像是豆蔻粉、肉桂粉、郁金香粉、胡椒粉、五香粉，甚至Wasabi，应该都可以添入其中，就当它是一种火热迷人的香料饼干吧！

红辣椒粉（Cayenne Pepper Powder）：是辛香料的一种，除具辛辣味外，添在点心面团中也具有上色效果，一般超市即可买到。

好友为伴，甜点助兴，
无论是分享、倾吐彼此的生活心情，
还是喝咖啡聊是非，
不管到几时也无所谓。

Part2 谈心八卦的下午茶

设计重点：咖啡店、饭店流行的精致糕点，随性搭配咖啡或茶。

点心与饮品清单：

1.抹茶奶酪条

2.布朗尼＋果酱红茶

3.松露巧克力小挞

4.美式重奶酪蛋糕

5.意式脆饼＋意式浓缩咖啡

抹茶奶酪条

入口的瞬间，滑顺绵密。

分量 7条

准备事项
1.奇福饼干装入塑料袋中，用擀面杖压成饼干屑。
2.无盐奶油隔热水或微波加热熔化成液体。
3.奶油奶酪放在室温下软化。
4.吉利丁片用冰开水泡软，挤干水分。
5.准备1个14.5厘米×14.5厘米的方形慕斯框。

材料

A.饼皮：奇福饼干40克 无盐奶油15克

B.内馅：奶油奶酪200克
牛奶100克 细砂糖40克 吉利丁片2片 抹茶粉2小匙

做法

1.饼皮：饼干屑加熔化的奶油，用手混匀后直接铺在慕斯框内（图a），用手摊平并压紧（图b）。

2.奶油奶酪加细砂糖，隔热水加热，用打蛋器搅匀呈光滑状（图c），再分两次加入牛奶，拌成原味奶酪糊，加入抹茶粉，继续拌成抹茶奶酪糊。

3.趁热加入吉利丁片，确实搅拌均匀且熔化。

4.将抹茶奶酪糊倒在饼皮上抹平表面，冷藏约2小时。

5.凝固后即可切成宽约2厘米的长条状。

a

b

c

Tips

★奇福饼干也可用消化饼干代替，但需注意不同种类的饼干吸油程度有差异，添加的奶油需适度增减，以能聚合成饼皮为原则。

★加入吉利丁片时，如呈现颗粒状不易化，可将奶酪糊再隔水加热继续搅拌。

孟老师的Q.S.

喜爱甜点的人是幸福的，没多久就会发现糕饼店、咖啡店出现新玩意儿，尤其各式奶酪口味糕点争奇斗艳，令人目不暇接。但其实食材本身变化并不大，只不过在形象上做个改变，竟也能展现诱人风貌！

像这款冷藏式“抹茶奶酪条”就是许多奶酪饕客的宠儿，利落的外表、细致的组织，还没吃似乎就能感受到它的入口即化。特别是饼皮上的奶酪与一般奶酪蛋糕的高度明显不同，切割方式也突破传统，细细品味，心情不自觉跟着优雅起来。毋庸置疑，甜点确实是营造气氛的高手。

1

2

奇福饼干：市售的饼干，除直接食用外，也可磨碎当奶酪蛋糕或慕斯垫底用（图1）。

抹茶粉：含儿茶素、维生素C、纤维素及矿物质，为受欢迎的健康食材，常添加在西点中，用来增加风味与色泽（图2）。

口味延伸：

咖啡大理石奶酪条：在原来的材料中增加速溶咖啡粉2小匙，冷开水1小匙，拌成浓缩咖啡液，再与20克原味奶酪糊拌成咖啡奶酪糊备用。先将原味奶酪糊倒在饼皮上，再将咖啡奶酪糊装入纸袋内，并在袋口剪个小洞，直接挤在原味奶酪糊表面，再用牙签划出大理石纹路，冷藏凝固即可。

布朗尼

最老少咸宜的美国巧克力蛋糕。

分量 16块

准备事项

1.苦甜巧克力隔热水加热，熔化成巧克力液。
2.面粉、泡打粉和小苏打粉一起过筛。
3.烤箱预热。
4.准备1个20厘米×20厘米的方形烤模。

材料

无盐奶油150克 细砂糖100克 无糖可可粉20克
苦甜巧克力150克 全蛋3个 牛奶30克 低筋面粉150克
泡打粉（B.P.）1/2小匙 小苏打粉（B.S.）1/4小匙 碎核桃60克

做法

1.无盐奶油与细砂糖隔热水加热至奶油熔化，趁热加入可可粉和苦甜巧克力液，用打蛋器搅拌均匀。
2.待稍降温后，分三次加入全蛋，用打蛋器搅拌均匀。
3.先倒入1/3的三种混合粉料，加入牛奶一起搅拌均匀，最后将剩余的粉料全部拌入，再用打蛋器以不规则方式轻轻拌匀。
4.面糊倒入方形烤模，抹平表面并均匀撒上碎核桃，用上火、下火各180℃烘烤约20分钟。
5.出炉放凉后即可切成5厘米×5厘米的小块食用。

Tips

★最好使用进口的苦甜巧克力，内含可可脂，制作出来的成品口感较好。
★蛋糕出炉前，需用小尖刀插入中心，确认面糊不黏。
★碎核桃也可直接拌入面糊内烘烤。
★注意烘烤时间勿过头，蛋糕组织才不至于太干。

孟老师的OS

如果把蛋糕拟人化，我觉得布朗尼（Brownies）在所有巧克力蛋糕族谱中，应是属于小家碧玉型的一道甜点。外表朴实，却散发无穷的魅力，在随处可见的糕饼店或咖啡连锁店中，您总会发现它的踪迹。这道熟悉的点心，据说是一位美国妈妈无心插柳的杰作。她在制作蛋糕时，不小心忘了把奶油打发，结果却意外地好吃，后来甚至成为最家常、最受欢迎的巧克力甜点。

这道很入门的布朗尼，不像海绵蛋糕或戚风蛋糕必须注意制作上的技术，也少了蛋还要打发的程序，只要选定高质量的材料，控制好烘烤的火温，就能享受到布朗尼特有湿润又浓醇的扎实口感。

果酱红茶

巧克力的浓郁口感，搭配带有淡淡果香的红茶，可以增加品尝时的口感，同时也会间接降低布朗尼单纯的甜腻。

Step 1 放果酱 参照P25的伯爵红茶泡好后，直接将个人喜爱的果酱口味倒入杯内搅匀即可（左图）。

■因果酱已有甜味，红茶内的糖分需减量或者不添加。
■趁热倒入果酱，较易熔化且释放香味。

松露巧克力小挞

酷爱巧克力者不容错过的挞中极品。

分量 约7个

孟老师的O.S.

几年前的巴黎烘焙之旅，在一家精致的糕饼店CHRISTIAN CONTANT中，见识到这高贵的“松露巧克力小挞”，光可鉴人的巧克力内馅，浓郁又滑口，尤其配上酥松的巧克力饼皮，里应外合、皮馅合一，堪称挞中极品。

很现实的是，苦甜巧克力质量的高低会直接考验这道点心的口感，因此，一定要选用富含可可脂的苦甜巧克力来制作，才不妄赋予“松露”的美名。完成后的成品经过冰镇，吃在嘴里，香浓的巧克力滋味久久不散，值得酷爱巧克力的人细细品味。

准备事项

1. 挞皮的无盐奶油在室温下软化。
2. 面粉、无糖可可粉和小苏打粉一起过筛。
3. 烤箱预热。
4. 准备数个直径7厘米、高2厘米的挞模。

材料

A. 挞皮：细砂糖20克 无盐奶油60克 全蛋15克 低筋面粉65克 无糖可可粉10克 小苏打粉1/8小匙

B. 内馅：动物性鲜奶油100克 果糖50克 苦甜巧克力150克 无盐奶油100克 白兰地橘子酒1小匙

做法

1. 挞皮：细砂糖加无盐奶油，用打蛋器拌匀，再加入全蛋续打至松发。
2. 加入过筛后的粉料，用橡皮刮刀以不规则方式轻轻拌成面团状，并用保鲜膜包好，冷藏松弛30分钟。
3. 将面团分割成七等份，直接铺在挞模上，用拇指的指腹将面团平均延展推平（图a），并将多余面团用刮板切掉（图b）。

a

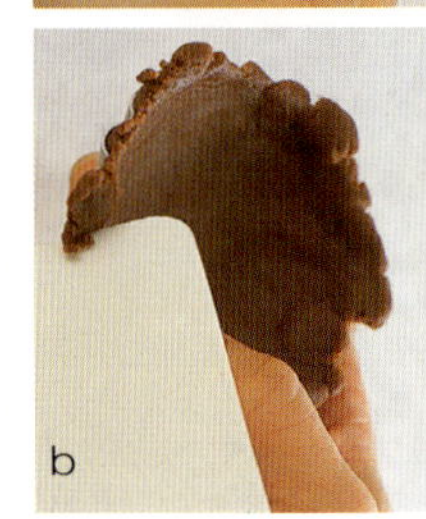

b

4. 用叉子在挞皮上叉些小洞，用上、下火各180℃烘烤约25分钟，出炉放凉备用。
5. 内馅：动物性鲜奶油加果糖，隔热水加热约45℃，倒入苦甜巧克力，用橡皮刮刀搅拌至完全熔化。
6. 加入无盐奶油和白兰地橘子酒，继续拌匀成内馅。
7. 内馅完全降温后填入挞皮内，冷藏约30分钟凝固即可。

Tips

★ 进口的苦甜巧克力含可可脂，制作出的成品口感较好。
★ 判断温度45℃的标准是：用手可以触摸的程度。
★ 如无法取得白兰地橘子酒，也可用朗姆酒（Rum）替代。
★ 材料中果糖的分量可随个人嗜甜程度而增减。
★ 小苏打粉1/8小匙的分量，是量匙1/4小匙的一半。

白兰地橘子酒（Grand Marnier）：具香橙风味，酒精含量40%，适合添加在各式水果风味的酱汁、慕斯、蛋糕、冰激凌及奶制品中调味，是制作西点时最常添加的高级水果香甜酒，也是鸡尾酒中的调味用酒。

超人气的奶酪蛋糕。

美式重奶酪蛋糕

分量 1个

准备事项

1.准备1个6英寸的活动圆烤模。
2.消化饼干放入塑料袋内，用擀面杖压成饼干屑。
3.无盐奶油隔水加热或微波加热，熔化成液体。
4.奶油奶酪放在室温下软化。
5.在圆烤模的底部垫一张蛋糕纸，以利脱模。
6.烤箱预热。

材料

A.饼皮：消化饼干120克 无盐奶油30克

B.奶酪糊：奶油奶酪（Cream Cheese）400 克 细砂糖75 克 全蛋2个 酸奶油130克 低筋面粉10克 柠檬皮1个 柠檬汁2大匙 香草精1/2小匙

做法

1.饼皮：饼干屑加熔化的奶油，用手混匀，直接铺在圆形活动烤模内，用手摊平并压紧。

2.奶酪糊：奶油奶酪加细砂糖，用搅拌机以慢速拌匀，再分两次加入全蛋搅拌。加入酸奶油及面粉后，继续用搅拌机拌匀，最后加入柠檬皮屑、柠檬汁及香草精，改用橡皮刮刀搅拌成均匀的奶酪糊。

3.将奶酪糊倒入饼皮上，在桌面多敲几下以振出大气泡。

4.在烤盘上倒入半杯的水，用上、下火各180℃烤20分钟，再将上、下火各降10℃，继续烘烤约40分钟。

5.出炉后，待15分钟降温后，即可用小刀将烤模周围划开脱模，完全降温后，再冷藏约5小时以上，即可食用。

Tips

★如无法取得酸奶油，可用原味酸奶代替。

★烘烤中，烤盘的水分烘干后不需再加水。

★出炉前先用小刀确认面糊黏度，如出现沾黏状，如非常小的细沙即可出炉（意指不需完全烤熟）。

★搅打奶酪糊时，如使用搅拌机需全程使用慢速，以避免奶酪糊发过火，成品表面龟裂。

★要切出细致的奶酪蛋糕，可将刀子先在火上稍微加热再切，同时，每切一次都需将刀子擦拭干净再加热。

孟老师的Q.S.

提到Cheese Cake，直接想到的应该是指美式重奶酪蛋糕，细致的切面和金黄色的外表是吸引众人的焦点，因此几乎是一般咖啡店中的必备商品。

相信只要是玩烘焙的人，对于奶酪蛋糕绝对不陌生，它制作简单，材料又单纯，轻轻松松很容易就能上手。但，如何表现奶酪细致滑顺的绵细口感在烘烤上可是一大考验！低温慢烤、细心观察是不可少的步骤，若一不注意，表面龟裂、组织干硬，赤裸裸的呈现可是很扫兴的，所以，有时越简单的东西越要讲究。

消化饼干：一种市售饼干除直接食用外，磨碎后常用来当奶酪蛋糕或慕斯垫底用（图1）。

酸奶油（Sour Cream）：在凝固的牛乳中加乳酸菌制作而成，尝起来微酸并呈固态状，西餐料理中的常用食材必须冷藏保存（图2）。

1

2

意式脆饼

二次烘烤，美味加分的饼干。

分量 约40片

准备事项

1.无盐奶油放在室温下软化。
2.将面粉和小苏打粉混合过筛。
3.烤箱预热。

材料

无盐奶油50克 细砂糖80克 盐1/4小匙 低筋面粉250克 小苏打粉1/4小匙 冷水60克 开心果粒和夏威夷豆各50克

做法

1.无盐奶油加细砂糖和盐，用橡皮刮刀拌匀（图a）。

2.分别加入过筛后的粉料和冷水（图b），用手稍微混合，即可加入开心果粒及夏威夷豆（图c），继续搓揉成均匀且光滑的面团（图d）。

3.用手将面团整形成厚2~3厘米的长块状（图e），先用上、下火各180℃烘烤约20分钟，约呈七分熟即出炉（图f）。

4.将烤过的面团完全放凉后，切成厚约0.5厘米的薄片（图克），再用上、下火各160℃烘烤约15分钟。

Tips

★开心果粒和夏威夷豆可用任何坚果代替。
★冷水可用全蛋代替。
★面团内的各式坚果，制作前不需事先烘烤。

孟老师的Q.S.

有别于一般的饼干，这道意式脆饼的原文是Biscotti，意指必须经过两次烘烤过程，将水分完全烤干，才会显现既硬又脆的特色。更特别的是，还有各式的香浓坚果交错其中，单纯的吃在嘴里已够味了，如再蘸上它的好搭档Espresso，更能体会饼干、坚果和咖啡的多层次口感。

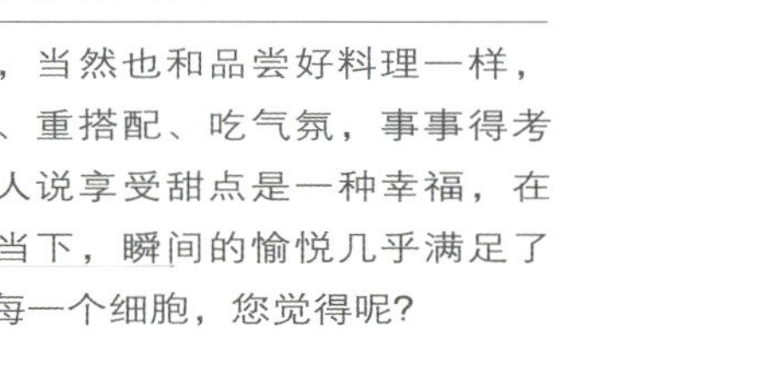

吃甜点，当然也和品尝好料理一样，讲原则、重搭配、吃气氛，事事得考究。有人说享受甜点是一种幸福，在品尝的当下，瞬间的愉悦几乎满足了全身的每一个细胞，您觉得呢?

a

b

c

d

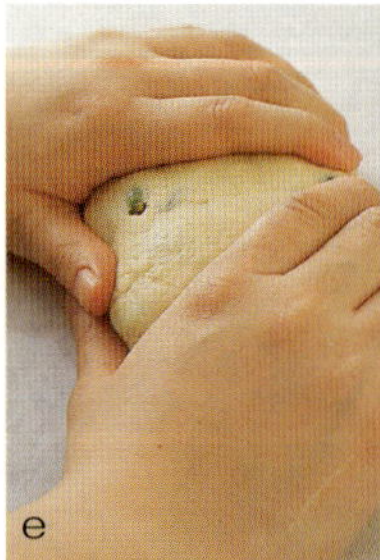

e

f

意式浓缩咖啡

1 2 3

分量
2杯

品尝意式脆饼搭配意式浓缩咖啡，可以借由饼干的干硬特性吸附原味的香浓咖啡液，是很具风味的经典组合。

4

5

Step 1 咖啡粉 将咖啡粉磨成细粉末（图1）。

Step 2 放咖啡粉 将摩卡壶的底部旋转开，并在壶底注入约100毫升冷水，将2匙咖啡粉放入壶内的滤器内，将上、下壶锁紧后，放在炉火上（图2）。

Step 3 等待 用小火烧煮约3分钟，咖啡液开始冲到壶的上壶即可熄火（图3）。

Step 4 完成 将煮好的咖啡倒入意式浓缩咖啡专用杯内（图4）。

- 所谓意式浓缩咖啡（Espresso），意指高压且快速的咖啡冲煮法。
- 1杯意式浓缩咖啡的量是25~30毫升。
- 1杯分量约使用咖啡粉的量匙1匙＝7克。
- 咖啡粉一定要磨成细粉末，咖啡味道才会释放出来，如果无法在家现磨，购买时可请店家直接磨好。
- 要制作出完美的意式浓缩咖啡，需要新鲜的咖啡豆，如以意式咖啡机制作，较能快速沥出咖啡液，而容易取得意式浓缩咖啡的精华红褐色的克丽玛（Crema），图中两杯咖啡有Crema的，即为机器所制作的（图5）。

卡布奇诺咖啡

分量
1杯

3

4

Step 1 **煮牛奶** 将120毫升鲜奶倒入奶泡壶内，煮至约75℃（图1）。

Step 2 **打奶泡** 将奶泡壶的滤器上、下快速拉动约30下，即可静置备用（图2）。

Step 3 **倒牛奶** 用汤匙拨开热牛奶表面的奶泡，先将热牛奶倒入盛有意式浓缩咖啡的杯内（图3）。

Step 4 **取奶泡** 最后用汤匙将奶泡舀到牛奶的表面即完成（图4）。

- 意式浓缩咖啡可再制成卡布奇诺咖啡。
- 卡布奇诺咖啡的杯子比意式浓缩咖啡的杯子大，容量约150毫升。

a

b

开心果粒（**Pistachio**）：含丰富的叶绿素，果实呈深绿色，属高价位食材，常用于烘焙中或西点装饰，必须冷藏保存（图a）。

夏威夷豆（**Macadamia**）：是油脂含量高的坚果，口感酥脆，用于烘焙中、西点装饰，必须冷藏保存（图b）。

悠闲的午后，
制作几样精致小点，
展现一下自己的巧手，
和亲密爱人诉说着甜蜜心事。

Part3 情人约会的下午茶

设计重点：两人的世界，点心种类不必多，但是以口感丰富为原则。

点心与饮品清单：

1.蓝莓夹心马芬

2.薰衣草奶酪＋热抹茶拿铁

3.玫瑰心形饼干

4.焦糖椰香慕斯

5.柠檬马林雪球＋冰拿铁咖啡

草莓夹心马芬

唤起心中的甜美滋味。

分量 约6个

准备事项

1.新鲜草莓洗净，擦干水分，切除蒂头。

2.烤箱预热。

3.准备6个直径7.5厘米、高5厘米的纸杯。

孟老师的Q.S.

十几年前，还没吃过马芬时，总以为那不起眼的外观和一般杯子蛋糕能有什么两样？当然也就没兴趣吃、没兴趣做；直到有一年在旧金山，第一次见识、品尝真正的马芬，不但到处有，而且口味多得吓人，才惊觉其通俗外表下还隐藏着美味内涵，湿润的蛋糕组织、浓郁的品尝口感，让人回味无穷。

令人赞叹的是，和饼干一样，马芬也很容易利用各式食材轻易变换出不同口味。只要能突显特殊风味并兼顾品尝的协调感，都可一试，再次证明，平凡的点心也可拥有不平凡的美味！

材料

A.无盐奶油100克 细砂糖135克 蛋3个 牛奶100克 低筋面粉230克 泡打粉2小匙

B.草莓夹心馅：新鲜草莓200克 细砂糖50克 果糖3小匙 玉米粉1/2小匙

做法

1.草莓夹心馅：草莓用料理机搅碎，加入细砂糖和果糖，用小火煮至沸腾，约5分钟后加入玉米粉，边煮边搅至浓稠状，放凉后备用（图a）。

2.无盐奶油隔水加热，熔化成液体状，加细砂糖，用打蛋器搅拌均匀，然后，分别加入全蛋和牛奶，继续拌至均匀。

3.面粉及泡打粉一起过筛，倒入做法2的液体中，用橡皮刮刀轻轻拌成面糊状。

4.将面糊倒入马芬纸杯内约1/2的量，并将面糊推抹在纸杯上（图b），再填入约1大匙的草莓夹心馅（图c），最后再将面糊加入约八分满（图d）。

5.用上火180℃、下火180℃各烘烤约30分钟。

Tips

★如没有料理机搅碎新鲜草莓，也可用刀子直接切碎。

★制作草莓夹心馅时，可视新鲜草莓含水量多寡来斟酌火候大小，确实将水分熬煮收干即可。

★必须用小尖刀插入蛋糕中心，确认面糊没有沾黏才可出炉。

a

b

c

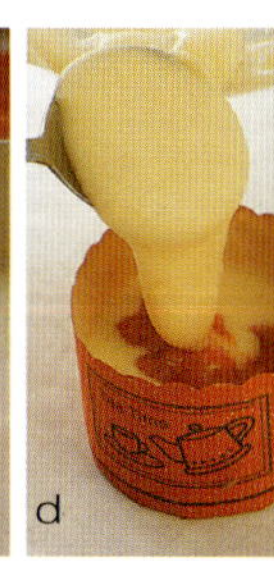
d

果糖：为液体糖浆，用于烘焙中，除作为甜味剂外，还可使成品具保湿作用。

薰衣草奶酪

优雅迷人的香气，散发无限风情。

分量 约5个

准备事项

1. 吉利丁片用冰开水泡软（图a），并挤干水分（图b）。
2. 准备5个直径6.5厘米、高4.5厘米的陶瓷碗。

材料

牛奶400克 细砂糖100克

干燥薰衣草2大匙

吉利丁片6片

做法

1. 牛奶加干燥薰衣草和细砂糖，用小火煮至糖化。
2. 熄火后，趁热加入吉利丁片，搅拌至吉利丁片完全化成奶酪糊。
3. 继续静置浸泡约10分钟，再沥干薰衣草，将奶酪糊倒入容器内，放入冰箱冷藏，待凝固后即可。

a

b

Tips

★干燥薰衣草依不同品种，色泽与味道会有差异，浸泡时间越久，味道越浓郁。分量可依个人喜好增减。

★浸泡吉利丁片除使用冰开水外，最好再加入冰块，吉利丁片才不易溶在水中。

孟老师的Q.S.

做奶酪很容易，材料又简单，轻轻松松就可端上桌，但要在原有奶味中增添其他味道，可就得费点心思了。

现代人对于香草都不陌生，拿来入菜做点心极其合理，但无论如何，香草总是配角，如何衬托主味又不抢味，才是应用之道。所以，这道“薰衣草奶酪”中所添加的干燥薰衣草，分量与浸泡时间要拿捏合宜，让若有似无的香草滋味，成为情人的梦幻奶酪。

1

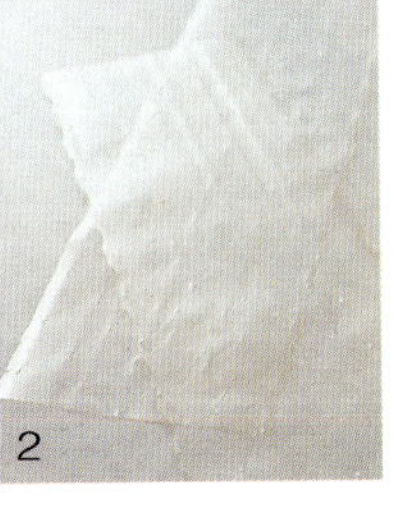

2

干燥薰衣草：可直接泡水后饮用，对镇定神经、纾解头痛、治疗失眠等皆有帮助（图1）。

吉利丁片：呈透明的片状，使用前必须用冰开水泡软，并挤干水分。由动物骨胶抽取而成，常作为慕斯、果冻和布丁的凝固剂（图2）。

热抹茶拿铁

薰衣草奶酪与热抹茶拿铁，冷热口感交互在口中蔓延，淡淡薰衣草奶酪的香气夹在温热的抹茶拿铁中，延伸出另一层次的风味。

Step 1 倒咖啡 将煮好的意式浓缩咖啡，倒入咖啡杯内备用（图3）。

Step 2 调抹茶牛奶 将120毫升牛奶煮至75℃，趁热加入少许抹茶粉，搅匀呈浅绿色的热牛奶（图4）。

Step 3 倒牛奶 先倒入牛奶，再取奶泡至咖啡的表面（图5）。

Step 4 撒抹茶粉 在奶泡表面撒上少许的抹茶粉（图6）。

■煮咖啡方法参考P44，打奶泡的方法可参考P45。

■抹茶粉的量可依个人喜好增减。

3
4
5
6

玫瑰心形饼干

贯穿视觉与味蕾的甜蜜滋味。

分量 约30片

准备事项

1. 无盐奶油放在室温下软化。
2. 干燥玫瑰花用手捏碎并将花萼取出（图a），再加冷水浸泡约10分钟。
3. 烤箱预热。
4. 准备数个长、宽各4厘米的心形模型。

材料

糖粉50克
无盐奶油100克　盐1/4小匙
低筋面粉180克
小苏打粉1/4小匙
干燥玫瑰花15克
冷水1大匙

做法

1. 无盐奶油加糖粉和盐，先用橡皮刮刀搅拌均匀，再用搅拌机搅打至奶油呈松发状。
2. 一起筛入面粉和小苏打粉，再同时加入浸泡水分的干燥玫瑰花，用手轻轻抓揉混合成面团状。
3. 将面团擀成约0.5厘米的厚度，再用心形模型切割面团。
4. 用上火170℃、下火160℃烘烤20分钟，再用上火160℃、下火150℃烘烤约10分钟即可。

a

Tips

★烘烤时火温勿太高，以保持玫瑰花色泽与香味。
★浸泡后的干燥玫瑰花直接拌入材料中，不需挤干水分。

孟老师的Q.S.

在所有食物中，我觉得就属甜点最具“情境”效果了，您可以因时、因地、因人来创作，不管是营造气氛还是投其所好，轻而易举地可以在甜点上大做文章。

每当碰到特殊节日，糕点师傅就会端上应景点心。情人节蛋糕总得出现几朵玫瑰花，母亲节蛋糕少不了爱心形象，而平凡无奇的糕点若装点上红、绿相间的小饰品，圣诞节的气氛就油然而生。不妨试试看这个“玫瑰心形饼干”的气氛指数有多高。

干燥玫瑰花： 含单宁酸、类黄酮和玫瑰精油，有促进血液循环等效果。

焦糖椰香慕斯

积蕴口中久久不散的双重风味。

分量 2个

准备事项

1.吉利丁片用冰开水泡软并挤干水分。

2.准备2个直径11厘米、高度4厘米的容器。

材料

牛奶100克 椰子粉15克 细砂糖20克 椰奶85克

吉利丁片3片 动物性鲜奶油160克

焦糖酱汁：细砂糖30克 果糖15克 动物性鲜奶油80克

做法

1.牛奶加椰子粉和细砂糖，煮至糖化，熄火后再放入椰奶拌匀。

2.趁热加入吉利丁片（图a），确实搅拌均匀并熔化，接着隔冰水降温至浓稠状（图b）。

3.将动物性鲜奶油打至七分发（鲜奶油呈浓稠状，但仍有流动的感觉）（图c）。

4.先用橡皮刮刀舀出1/3的量（图d），与做法2的浓稠物用打蛋器拌匀，再将剩余的量加入（图e），全部拌匀即成慕斯馅。

5.将慕斯馅分别倒入容器内，冷藏约2小时凝固。

6.焦糖酱汁：细砂糖加果糖，用小火煮至糖水稍上色时（图f），即开始将动物性鲜奶油另外加热，待糖水呈焦糖色时（图克），再将热鲜奶油慢慢地倒入焦糖内（图h），用汤匙轻轻拌匀。

7.待焦糖酱汁完全冷却后，淋在慕斯表面即可。

Tips

★制作慕斯使用动物性鲜奶油口感较好。

★动物性鲜奶油打至七分发即可，口感才会细致。

★煮焦糖酱汁时，需注意两个重点：

1.煮糖水时不要快速搅拌，如锅边有烧焦现象，可用毛刷蘸少许水刷在锅边降温。

2.动物性鲜奶油加热至即将沸腾即可。

孟老师的Q.S.

想要做出好吃的慕斯，懂得“调味”是成功的关键。从现在开始，您可以从所谓好吃的慕斯中，试图寻找里面该有的元素。举例来说，多年前，我在“食全食美”节目中示范的芒果慕斯，就被当时的女主持人张淑娟小姐视为是人间极品。说穿了，这靠的就是调味。

在慕斯馅料中，无论是添加几滴白兰地，还是混合一些搭配性的食材，都有其必要性，否则，单一的味道永远寂寞，怎么样也激荡不出美味的火花。这道“焦糖椰香慕斯”所搭配的焦糖香具有画龙点睛的效果，恰到好处的甜腻出现得很巧妙。

1

2

椰子粉：由椰子果实制成，加工后有不同的粗细，含食物纤维，在烘焙中常用来增加风味（图1）。

椰奶（Coconut Milk）：由椰肉研磨加工而成，含椰子油及少量纤维质，常用于甜点中增加风味（图2）。

a
b
c
d
e
f
g
h

柠檬马林雪球

让爱情升温的舌尖秘密。

分量 约65个

准备事项

1.柠檬洗净后，先刮皮屑再挤柠檬汁。

2.烤箱预热。

材料

蛋白50克 细砂糖60克 柠檬皮1个 柠檬汁1小匙 玉米粉1小匙 低筋面粉5克

做法

1.蛋白先用搅拌机打至湿性发泡（图a），再分三次加入细砂糖（图b），快速打发至呈小弯勾的干性发泡（呈九分发状态）（图c）。

2.加入柠檬皮和柠檬汁快速拌匀（图d）。

3.加入玉米粉和低筋面粉，使用橡皮刮刀确实拌匀成蛋白糊。

4.将蛋白糊装入挤花袋中，用尖齿花嘴挤出直径约3厘米的螺旋球形（图e），用上火160℃、下火150℃烘烤约60分钟，待外表呈硬壳状即可。

Tips

★判定七分发的蛋白为浓稠状，无法被捞起来（图f）；打至八分发时可被捞起来（图克）。

★使用低温慢烤方式将成品的水分完全烤干。

★放柠檬汁可改成1/4小匙的挞挞粉替代，以增加蛋白的稳定性。

a

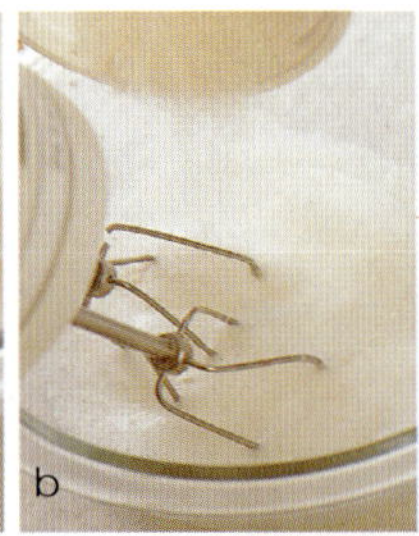
b

c

d

e

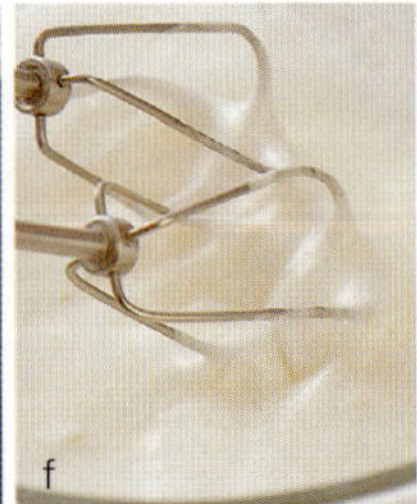
f

g

孟老师的O.S.

所谓“马林”（Merin克ue），就是蛋白和细砂糖经过搅打后，拌入大量空气，再利用热糖浆熟化，变成既细致又光泽的膨松蛋白。

单纯烘烤马林，可将原本软绵绵的蛋白定型成一个坚固的外观，也就是蛋白糖。较令人印象深刻的是，圣诞节姜饼屋常出现玲珑可爱的小草菇，就是蛋白糖的杰作。

既然这道“柠檬马林雪球”是以蛋白作为主体，可以想象它的口感一定非常特殊。为了避免单调的甜味，特别添加提味的柠檬，再额外增加面粉和玉米粉，即可赋予马林新风貌。这道甜点可让您体会一下大量蛋白遇到大量砂糖所产生的奇妙变化和前所未有的口感。

冰拿铁咖啡

较具甜味的柠檬马林雪球搭配不加糖的冰拿铁咖啡饮用，可缓冲单纯的甜腻感，同时加强口感的多层次。

1

2

3

Step 1 冰杯子 将玻璃杯先放在冰箱内冰一下，并装些冰块（图1）。

Step 2 倒冰牛奶 倒入约150毫升的冰牛奶（约为意式浓缩咖啡的6倍）（图2）。

Step 3 倒咖啡 倒入意式浓缩咖啡1杯的量，并用手慢慢将杯子稍稍旋转，即会出现曲线及层次（图3）。

- 放入冰牛奶的量可依个人的口感增减。
- 意式浓缩咖啡可事先煮好稍降温，与冰牛奶混合时才较理想。

LONDON
ENGLAND
OREO

逃离繁杂琐碎的工作，
营造一个放松的心情，
期待一场简便又优雅的速成下午茶。

Part4 快速方便的下午茶

设计重点： 以市面上现有的半成品为素材，省时省力地运用。

点心与饮品清单：

1.杏仁酥片

2.苹果酥派＋桂圆枸杞红枣茶

3.酥炸葡萄奶酥＋玫瑰红茶

4.甜酥脆片

5.面包布丁

杏仁酥片

多层次的酥脆美妙口感，让人难以抗拒。

分量 约30片

准备事项

1.制作前5分钟将起酥片从冷冻库中取出回软。

2.烤箱预热。

材料

起酥片2片 糖粉25克 蛋白10克 杏仁片适量

做法

1.糖粉加蛋白，用汤匙搅拌均匀（图a），呈光泽状的糖霜备用。

2.将每片起酥片切割成6片的长方形（图b），再将做法1的糖霜均匀地刷在起酥片表面（图c），最后放上适量的杏仁片（图d）。

3.用上火190℃、下火180℃烘烤约20分钟，呈金黄色即可。

Tips

★需用高温烘烤，使成品快速膨胀定型。

★制作糖霜时需多搅拌，糖粉才会熔化且呈光泽状。

★杏仁片也可用杏仁粒或切碎的核桃粒代替。

孟老师的Q.S.

一般人若想要在家DIY千层酥皮之类的东西，有时受限于设备与食材，常常不是室温过高油化了，就是面皮压的厚度不理想，制作起来总是挺折腾人的。

看到“杏仁酥片”，还没吃即会有层次与酥脆的双重印象，想要立即享受美味，可以利用市售的半成品，既方便又快速，还能立刻拥有成就感。

起酥片：为市售产品，必须冷冻保存，经高温烘烤后，成品具层次感。

苹果酥派

现烤现吃的热腾腾美味。

分量 4个

准备事项

1.制作前5分钟将起酥片从冷冻库中取出回软。
2.青苹果削皮去籽，再切成丁状。
3.烤箱预热。

材料

起酥片4片 青苹果200克 细砂糖20克
无盐奶油10克 肉桂粉1小匙 玉米粉1/2小匙 全蛋1个

做法

1.苹果丁加细砂糖，用中火煮至糖熔化且苹果稍微变软（图a），然后放入无盐奶油、肉桂粉和玉米粉，拌炒至呈浓稠状（图b）。
2.起酥片内包入约2汤匙的苹果内馅，并用刷子蘸蛋液涂抹边缘（图c），再将起酥片对折，用叉子将封口压紧（图d）。
3.表面每隔1厘米处划上刀口（图e），再刷上均匀的蛋液，用上火190℃、下火180℃烘烤约20分钟，呈金黄色即可。

Tips

★需用高温烘烤，使成品快速膨胀定型。
★青苹果200克是指去皮去核的重量。
★苹果因品种或熟度不同，含水量也有差异，添加的玉米粉可适度增减，以汤汁收干为原则。

孟老师的O.S.

苹果的甜美与酥皮的松脆所营造出的味觉平衡感让人迷恋。尤其当苹果酥派刚出炉时，黄澄澄、圆鼓鼓的模样，没几个人抗拒得了。

随处可见的饼店都有出售这种长条形的苹果酥派，有时候为了方便，我也会买来解馋一下，但总觉得不够味，也不过瘾。其实自己只要炒个馅料直接包馅，很快也很容易享受这道“懒人点心”。

制作苹果酥派，最好选用耐煮、耐熬的青苹果，本身的酸度加上少许的砂糖，经过加热后仍具口感与弹性，再配酥皮高温烘烤，既爽口又美味。

桂圆枸杞红枣茶

1

2

清爽的桂圆枸杞红枣茶可化解苹果酥派的油腻，同时两者不同的甜味互相融合后，非常顺口。

Step 1 **备料** 准备沸腾的滚水500毫升、桂圆15克、枸杞3克、红枣15克。

Step 2 **处理** 先将红枣用剪刀剪开，较易入味（图1）。

Step 3 **完成** 冲入沸腾的滚水，再放回保温座上焖泡约5分钟即可饮用（图2）。

■桂圆、枸杞和红枣的分量可依个人口味增减。
■最好将材料先用小火熬煮10分钟，再继续焖，茶汤的味道较重。
■熬煮时，水分可加至800毫升。

a
b
c
d
e

酥炸葡萄奶酥

馅多绵软，饥肠辘辘的最好选择。

分量 5个

准备事项
1.切除白吐司四周的外皮。
2.无盐奶油放在室温下回软。

材料

A.白吐司5片 全蛋1个 面包粉 1杯

B.奶酥馅：无盐奶油50克 细砂糖30克 全蛋10克 奶粉50克 葡萄干15克 蛋液（裹吐司）50克

做法

1.奶酥馅：无盐奶油加细砂糖，用橡皮刮刀搅拌均匀，再加入全蛋及奶粉拌匀，最后将葡萄干混合在奶酥馅中。

2.取1大匙奶酥馅包在白吐司内（图a），对折成一个三角形，用手蘸些蛋液抹在吐司边黏紧（图b），并在吐司两面沾裹均匀的蛋液，最后再蘸上面包粉（图c）。

3.用约170℃的油温炸呈金黄色即可。

a

Tips

★面包粉油炸上色速度很快，注意油温勿太高。

★测试170℃的油温可将少许面包粉丢入油锅中，如面包粉上的油泡缓慢滚动即可。

b

c

孟老师的O.S.

奶酥面包的美味是很多人吃面包的共同记忆，软绵绵的面包内包着奶味十足的馅料，尤其在饥肠辘辘时，狼吞虎咽吃它几大口，真是过瘾又满足。

爱吃奶酥的您，也可自行调配馅料，再买个现成的白吐司，从包馅、裹蛋液到油炸，简单又容易，不用几分钟即能享受刚起锅时的美味。

1

2

玫瑰红茶

稍具青涩味的玫瑰红茶，可中和酥炸葡萄奶酥的油腻感，同时玫瑰红茶淡淡的香气，搭配油炸的东西，使得口感更好。

Step 1 **准备** 温壶后，放入2匙的茶叶。

Step 2 **备料** 放入数朵干燥玫瑰花（图1）。

Step 3 **完成** 注入约500毫升沸腾滚水，焖煮约2分钟即可（图2）。

- 使用任何红茶品种均可。
- 焖煮的时间可依个人喜好调整。
- 也可在茶汤内添加蜂蜜或果酱饮用。

甜酥脆片

酥脆滋味，惊喜无限。

分量 10片

准备事项

1. 无盐奶油隔热水或微波加热，熔化成液体。
2. 烤箱预热。

材料

法国面包10小片 无盐奶油100克 粗砂糖50克

做法

1. 将法国面包切成厚约0.2厘米的薄片。
2. 在法国面包薄片正反两面用刷子蘸上熔化的奶油，并在表面撒上均匀的粗砂糖。
3. 用上火190℃、下火180℃烘烤约20分钟，呈金黄色即可。

Tips

★法国面包放在室温下约1天，待完全风干后，制作效果较酥脆。

★如喜欢吃奶油浓厚的味道，可将法国面包片直接浸泡在奶油液中，沥干多余油分后再烘烤。

孟老师的Q.S.

甜点世界里，如果也要以外貌来判断是否美味，那肯定要错失很多品尝机会了。像这道“甜酥脆片”虽然其貌不扬，只是利用法国面包切成薄片蘸油、裹糖烘烤而成，但完成后吃在嘴里，面包再也不是面包了。只需稍微加工一下，就可摇身一变成为另一种可口酥脆的小饼干。

又薄又脆的口感，如再搭配一枚香草冰激凌球，立刻让美味升级。另外，如利用在慕斯的装饰，也有另一番效果。

面包布丁

浓郁存留口腔的奢侈滋味。

分量
约30片

准备事项

1.切除白吐司的外皮。
2.无盐奶油熔化成液体。
3.葡萄干浸泡在朗姆酒中。
4.烤箱预热。
5.准备1个最长处21厘米、最宽处14厘米、高4厘米的椭圆形烤皿。

孟老师的Q.S.

有时候您会发现，玩烘焙与做料理有着异曲同工之妙，都会将一些吃剩、用剩的东西再一次利用。即使N克的蛋糕也不要丢掉，将其拌和在面糊中，就可做出既浓郁又香醇的饼干；至于食之无味、却又弃之可惜的白吐司，也能摇身一变成为有名的英式布丁甜点。

有别于传统的焦糖布丁，这种内容丰富的面包布丁，似乎很能掩盖烘烤过程的瑕疵。因为在食用时的焦点绝对是锁定在滋味的层次变化上。当干巴巴的吐司块吸满了奶油，再加上浸泡过朗姆酒的葡萄干，便使得烤好后的成品增添了多层次的丰富口感。

除了以上的基本美味元素外，您还可添加其他各种新鲜水果，例如：草莓、覆盆子和樱桃等，都能与香滑细嫩的布丁做完美结合。当热腾腾刚出炉的那一刻，也正是最佳品尝时刻，吃上一口，保证幸福又满足。

材料

A.白吐司3片　无盐奶油50克　葡萄干15克　朗姆酒1大匙
B.布丁液：牛奶300克　动物性鲜奶油30克　细砂糖50克
香草豆荚1/2根　全蛋3个　蛋黄1个

做法

1.每片白吐司切成4小片，用上、下火各170℃烘烤约10分钟。
2.将烤过的吐司均匀蘸上熔化的奶油（图a），直接铺在烤皿内备用。
3.布丁液：全蛋与蛋黄放在同一容器中，用打蛋器搅散成蛋液。
4.香草豆荚用小刀剖开后（图b），将子取出（图c），连同外皮一起与牛奶、动物性鲜奶油和细砂糖用小火煮至糖熔化，再冲入蛋液中搅拌均匀（图d）。
5.布丁液过筛后倒入烤模内（图e），放上葡萄干和浸泡葡萄干的朗姆酒（图f）。
6.上火180℃、下火190℃，用隔水方式蒸烤约35分钟，待布丁呈固态状即可。

Tips

★铺入烤皿内吐司块可依个人喜好增减。
★隔水蒸烤时水量不要太少，最好高度约达烤皿的0.5厘米以上。
★如无法取得香草豆荚，可用香草精1/2小匙代替。

香草豆荚（Vanilla）：为兰科藤类植物，具丰富香醇的味道，常用在奶制品的点心中增加香气，并突显甜味的效果。

a
b
c
d
e
f

热量低一点儿，美味依旧在，
享受悠哉没有负担的下午茶。

Part5 享“瘦”甜美的下午茶

设计重点：低脂、低糖为重点，口味偏向清淡爽口。

点心与饮品清单：

1.蔓越莓酥饼＋冰红茶

2.葡萄奶酪蛋糕

3.茄红素蛋糕

4.草莓乳酸慕斯

5.黑枣核桃糕＋香草花茶

蔓越莓脆饼

高纤的口感，愈咀嚼愈香。

分量 约30片

准备事项

1.蔓越莓切成碎末。

2.无盐奶油放在室温下软化。

孟老师的Q.S.

这年头，做点心真是幸福，除了有精准的配方，还有丰富的食材可利用。有时新食材就是促成创意的源头，尤其当看到国外糕点师傅每一次处理新食材，都会让人很兴奋，因为一项新的点心很可能就此产生。

这个"蔓越莓脆饼"很符合健康养生的概念，其添加的燕麦片与蔓越莓很能增加咀嚼性，在掌握食材特性的原则下做点心，更能让您为所欲为、得心应手。

材料

无盐奶油50克 金砂糖40克 盐1/4小匙 蛋白70克
低筋面粉50克 小苏打粉1/4小匙 燕麦片70克
蔓越莓干20克

做法

1.蛋白和燕麦片混合均匀备用。

2.无盐奶油、金砂糖和盐用搅拌机拌匀，再同时筛入面粉和小苏打粉，用橡皮刮刀稍微拌和一下。

3.加入切碎的蔓越莓干和做法1的蛋白燕麦片，用手将所有材料抓揉混合成面团。

4.取大约10克的面团揉圆，在烤盘上压扁为厚约0.2厘米的薄片状，再用上火160℃、下火150℃烘烤约20分钟。

Tips

★尽量将面团整形成薄片状，口感较好。

★以低温慢烤为原则，将水分完全烤干，口感即会酥脆。

金砂糖（Brown Sugar）：又称二砂糖，添加在糕点中除当甜味剂外，还有上色效果。

1

2

冰红茶

饼干的油分较低，搭配冰红茶可增加滑口的顺畅感，同时与饼干淡淡的蔓越莓果香味很谐调。

Step 1 泡茶 玻璃壶内先放约5克红茶，再将约250毫升沸腾的滚水注入壶内，焖泡约2分钟（图1）。

Step 2 完成 玻璃杯内放入适量冰块，再将泡好的红茶注入，急速降温后即可饮用（图2）。

■冰红茶在饮用时会添加冰块，必须将红茶泡得浓一些，味道才不会被稀释。

■可加些蜂蜜或果糖增加甜味或再放一片柠檬增加香气。

葡萄奶酪蛋糕

余韵犹存的清爽美味。

准备事项

1.奶油奶酪在室温下回软。
2.吉利丁片用冰开水泡软，并挤干水分。
3.消化饼干放入塑料袋内，用擀面杖压碎成饼干屑。
4.无盐奶油用隔热水加热或微波加热方式熔化成液体。
5.准备1个6英寸圆形活动烤模。

孟老师的Q.S.

奶酪的魅力在于享用过后余韵犹存的美味。在制作糕点的过程中，奶酪常用新鲜水果来提味，以凸显清爽宜人的好口感，这道“葡萄奶酪蛋糕”就是典型的例子。

其实，还有许多新鲜水果也非常适合添入其中，像是百香果、奇异果和草莓等，水分含量很多的菠萝也不错。总之，水果之于奶酪，就这道甜点而言，是美味的重点，很适合酷爱清淡口味的人食用。

材料

A.饼皮：消化饼干60克 无盐奶油15克

B.奶酪糊：奶油奶酪150克
细砂糖50克 牛奶250克 葡萄原汁50克 吉利丁片3片

C.装饰：新鲜葡萄约50粒 杏桃果胶50克
冷开水40克

做法

1.饼皮：饼干屑加熔化的奶油，用手混合均匀，直接铺在6英寸的活动烤模内，用手摊平并压紧。

2.奶酪糊：奶油奶酪加细砂糖，用打蛋器以隔水加热方式搅拌均匀，加入牛奶和葡萄原汁继续拌匀。

3.将做法2的奶酪糊趁热加入吉利丁片，用打蛋器搅拌均匀并熔化，最后倒入饼皮上。

4.放入冰箱约2小时冷藏凝固后，即可在表面铺上剥皮后切半的新鲜葡萄装饰。

5.杏桃果胶加冷开水，用小火煮至果胶完全熔化，待稍降温后即可直接淋在葡萄表面，再冷藏凝固约10分钟即可。

Tips

★葡萄原汁是新鲜葡萄去皮、去子后，用食物料理机搅打过滤取得的。

★因葡萄肉质较软，可轻易搅打成泥状，不需过筛可直接使用。

★脱模的方式除用喷火枪外，还可利用热毛巾敷在模型外或是用吹风机将模型外加热，即可顺利脱模。

杏桃果胶：是从水果中抽取而来的胶质，常用于慕斯蛋糕表面的装饰，具光泽效果，使用前需加水煮至熔化（左图左）。
镜面果胶：常用于慕斯蛋糕表面的装饰，具光泽效果，搅拌后呈流质状即可直接使用（左图右）。

茄红素蛋糕

丝缎般柔细，美味零负担。

分量 1个

准备事项

1.面粉和泡打粉一起过筛。

2.细砂糖60克和挞挞粉放在同一容器中。

3.烤箱预热。

4.准备1个8英寸中空活动圆形烤模。

材料

蛋黄55克 细砂糖40克 盐1/4小匙 色拉油50克
西红柿汁80克 西红柿糊2大匙 低筋面粉100克
泡打粉1小匙 蛋白130克 细砂糖60克 塔塔粉1/4小匙

做法

1.蛋黄加细砂糖和盐，用打蛋器先搅拌均匀（图a），一起加入色拉油、西红柿汁（图b），然后加入西红柿糊继续拌匀（图c）。

2.倒入面粉和泡打粉，用打蛋器以不规则的方向轻轻拌成均匀的面糊（图d）。

3.蛋白用搅拌机打至湿性发泡，分三次加入细砂糖和挞挞粉，快速打发至有小弯勾的九分发状态（参照P56图c）。

4.先取1/3的打发蛋白加在做法2的面糊内，用橡皮刮刀拌匀（图e），再将剩余的蛋白完全混合，并用橡皮刮刀轻轻从容器底部刮起拌匀。

5.将面糊倒入8英寸的中空圆模型内（图f），用上、下火各180℃烘烤约30分钟。

Tips

★这是属于戚风蛋糕体，需使用底部可脱模的烤模，且底部与四周都不可抹油。

★西红柿汁最好选用低糖且浓度高的。

孟老师的O.S.

第一次利用西红柿来做点心，说实话，心理稍有排斥感，深怕西红柿的青涩味混淆了蛋糕原有的香气，想不到结果却是风味出奇的好。在“食全食美”节目试吃时，我还记得主持人张本瑜小姐的表情从眉头深锁到眉开眼笑，几乎只用了数秒钟的时间。

这就是做点心的化学变化，有时很难凭空想象一个新食材的搭配性，食材本身的酸味、甜味、涩味，甚至辣味，在搅拌、混合、烘烤到冷却的条件控制下，究竟会衍生什么样的后果？总之，都需在标新立异与合乎常理的情况下不断进行拉锯战。

1

2

西红柿糊（Tomato Paste）：是西红柿的加工制品，呈浓稠的糊状物，常用于西餐料理中（图1）。

西红柿汁（Tomato Juice）：是另一种西红柿加工制品，可直接饮用或用于烘焙中（图2）。

a
b
c
d
e
f

草莓乳酸慕斯

最讨人喜欢的酸甜滋味。

分量 1个

准备事项

1. 准备1个14.5厘米×14.5厘米的正方形慕斯框。
2. 慕斯框用铝箔纸包起来。
3. 吉利丁片用冰开水泡软并挤干水分。
4. 草莓洗净后擦干水分，去蒂后备用。

材料

A.饼皮：低筋面粉50克 糖粉10克 杏仁粉10克 无盐奶油25克 蛋黄5克

B.慕斯馅：水150克 细砂糖50克 可尔必斯85克 吉利丁片3片 动物性鲜奶油180克

C.草莓约40颗

D.装饰：覆盆子果泥少许 镜面果胶少许

a

做法

1.饼皮：先将面粉、糖粉和杏仁粉混合均匀，再将奶油放在粉堆中，用手搓揉成均匀的细颗粒（图a）。

2.加入蛋黄后，继续用手拌成均匀的松散状（图b），直接铺在慕斯框内（图c），用手摊平并稍微压紧。

b

3.用上、下火各180℃烘烤20分钟，呈金黄色后放凉。

4.草莓洗净，将部分切半，贴在做法3慕斯框内的四边，并将完整的草莓铺满慕斯框的底部。

5.慕斯馅：水加细砂糖，用小火煮至糖熔化，再加入可尔必斯搅拌均匀即可熄火。

6.趁热加入吉利丁片，确实搅拌均匀并熔化，接着隔冰水降温至浓稠状。

7.动物性鲜奶油打至七分发（参照P55图c）。

8.用橡皮刮刀舀出1/3的量，与做法6的浓稠物用打蛋器拌匀，再加入剩余的鲜奶油，全部拌匀即成慕斯馅。

c

9.将慕斯馅倒入做法4的慕斯框内，并将表面抹平，冷藏2小时待凝固。

10.装饰：将少许覆盆子果泥不规则地涂抹在慕斯表面，用抹刀抹上均匀的镜面果胶，再冷藏20分钟即可。

Tips

★制作饼皮的面团时，只要用手均匀压平聚合即可，不需刻意压紧，口感才不至于太硬。

★也可用奇异果代替草莓。

孟老师的O.S.

遵循味觉的平衡感应是创作点心的最高指导原则，有时太单一的口味总觉得少了一种口感上的冲击性。

制作“草莓乳酸慕斯”，原本是只将馅料直接填入容器中，单纯以乳酸为基底制作慕斯，但总觉得味道太过单薄。后来，在慕斯底部加上一层坚果的饼皮，结果上、下两种各有属性的风味融为一体，在相互衬托与提味下，变得更美味了。

可尔必斯：市售的乳酸饮料为浓缩制品，加水稀释后即可直接饮用，用来做成慕斯或果冻，很有风味。

黑枣核桃糕

熟悉亲切的绝妙搭档。

分量 1条

准备事项
1.黑枣洗净、擦干水分，去核后切成细末。
2.无盐奶油隔热水或以微波加热方式熔化。
3.中筋面粉和泡打粉、小苏打粉一起过筛。
4.核桃用上、下火各170℃烘烤约15分钟。
5.将长21.5厘米、宽9.5厘米、高7.5厘米的长方形烤模铺上蛋糕纸。
6.烤箱预热。

材料

黑枣180克 金砂糖80克 水75克 柠檬汁1小匙 朗姆酒2小匙 全蛋50克 无盐奶油45克 中筋面粉85克 泡打粉1/2小匙 小苏打粉1/4小匙 核桃100克

做法

1.切碎的黑枣加金砂糖、水和柠檬汁，用小火煮至汤汁收干（图a），再加入朗姆酒拌匀，放凉后备用。

a

2.将全蛋及熔化的奶油分别加入做法1的材料中，用打蛋器搅拌，然后放入筛过的粉料，改用橡皮刮刀拌匀。
3.最后拌入核桃，混合均匀后倒入烤模内，并将表面抹平。
4.用上、下火各180℃烘烤20分钟，上、下火再各降10℃继续烤约10分钟。
5.出炉放凉后即可切片。

Tips

★烘烤时注意火温不要太高，口感才会湿润。
★拌入的熟核桃，保留完整颗粒或切碎均可。
★在室温下密封保存即可。

孟老师的Q.S.

黑枣核桃糕应该算是较传统的糕点，尽管各式精致西点层出不穷，还是难以掩盖它的美味，拥护者也不在少数。

由于用料丰富，黑枣的特殊香气与天然甜味非常明显地拌和在蛋糕中，再加上核桃浓郁、令人熟悉的咀嚼口感，既扎实又有韧性。烘烤时，可要特别注意火候，以保持蛋糕特有的湿润度。

黑枣：具滋补、健脾、补血功效，常用来泡水当茶饮或煮汤（图1）。

1

2

3

香草花茶

黑枣核桃糕内带有浓郁的核桃香，与香草茶味道非常和谐顺口，同时，香草花茶天然的香气也很能突显黑枣的香甜风味。

Step 1 备料 准备各式香草，薄荷叶、薰衣草、迷迭香各5克，甜菊3片，洗净后擦干水分（图2）。

Step 2 完成 注入沸腾的滚水约500毫升，焖泡约5分钟即可（图3）。

冲泡前，可先将香草用手搓揉，较易释放香味。

甜菊具天然的甜味，饮用时可不必再添加其他的甜味剂，甜菊的分量可视个人需要增减。

招待好友，不用担心自己的料理手艺，
在家也可以安排一场宾主尽欢吃到饱的下午茶。

Part6 美味延伸的下午茶

设计重点：咸、甜兼具的点心，让美味延伸，取代正餐时刻。

点心与饮品清单：

1.贝果三明治 + 热水果茶
2.古典巧克力蛋糕 + 东方美人茶
3.迷您酥球
4.蛋黄小西饼
5.开心果脆挞
6.榛果可可球
7.培根洋葱咸饼干 + 乌龙冰茶
8.波士顿派
9.开胃咸挞
10.香橙果酱小西饼

贝果三明治

够劲有味，无可取代。

分量 8个

准备事项

速溶发酵粉加水混合。

a

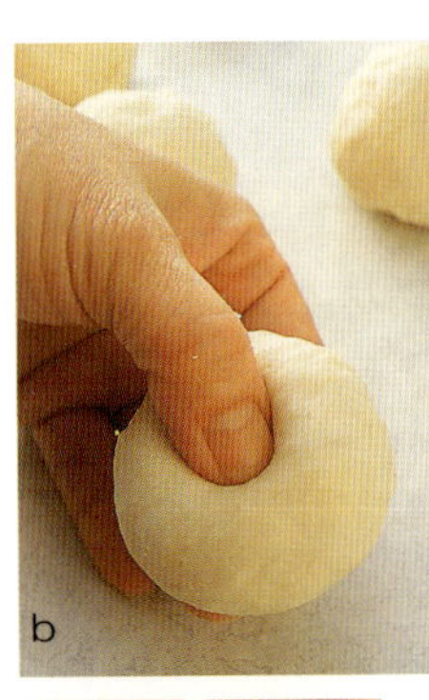
b

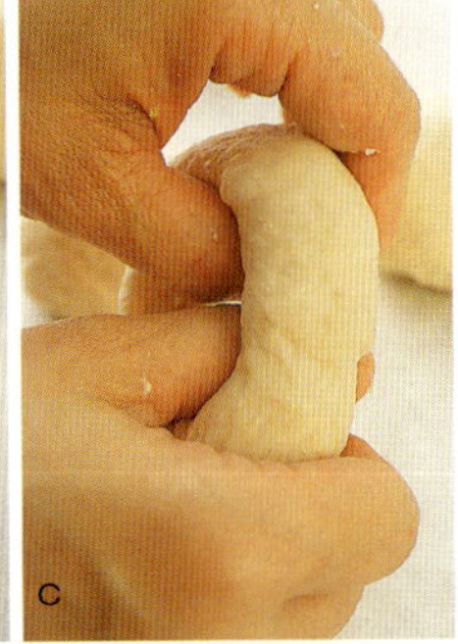
c

d

e

材料

A.高筋面粉300克 细砂糖10克 盐1/2小匙
速溶发酵粉5克 水170克

B.夹心：奶油奶酪100克 牛奶1大匙 生菜叶8张
西红柿2个 火腿8片 奶酪片8片

做法

1.将高筋面粉、细砂糖、盐、速溶发酵粉和水混合后，放在干净的桌面上，揉成光滑的面团（图a）。

2.将面团放在容器内，盖上保鲜膜先发酵约30分钟。

3.面团分割成8等份后，整形成光滑状，用拇指与食指在面团中心戳洞（图b），然后用手拉出环状（图c），最后再发酵10分钟。

4.将面团正面朝下放入滚水中汆烫5秒（图d），立刻翻面继续汆烫5秒即捞出，直接放在烤盘上（图e）。

5.放入已预热的烤箱内，用上火180℃、下火160℃烤约20分钟。

6.夹心：奶油奶酪软化后，用打蛋器搅散，再加入牛奶，搅拌成光滑的奶酪糊，直接抹在贝果内部，然后依序放上生菜叶、西红柿、火腿及奶酪片即可。

Tips

★面团搅打的程度不需像一般面包的面团，要出筋且拉出薄膜。

★若希望组织较松软，可将汆烫前的发酵时间延长。

★汆烫完后不用再发酵，需立刻烘烤。

★贝果夹心前，最好横切为二，先用低温烘烤10分钟呈酥脆的金黄色，口感较好。

★夹心的食材可随个人喜好做变化。

孟老师的O.S.

大约七年前，在美国我生平第一次吃到贝果，它就像快餐店的汉堡，到处都有连锁店，买一份贝果，就可以让您打发一餐。品尝贝果之前，必须横切后再将内部烤呈金黄色，接着抹上软质的奶油奶酪，最后再夹上肉类及各式生菜，大口一咬，嚼劲十足，非常有饱足感。

制作贝果不像一般面包那么讲究，但特别之处是先将生面团汆烫，以使得面团瞬间糊化，烤后的成品才会呈现光泽。

地道的贝果完全不含任何油脂，也不加蛋，成品放凉后会变得更干硬。因此，有人说，吃贝果牙口要好。这样单纯又健康的食材，深受生活守戒律的犹太人青睐，因此，有人叫贝果为犹太面包。

速溶发酵粉（Instant Dry Yeast）：又称快速酵母粉，用于面包、包子等各式面食类中，可直接与其他材料混合搅拌使用，必须冷藏保存。

热水果茶

咀嚼馅料丰富的贝果，搭配饮用清香爽口的水果茶，更能增加食欲与品尝后的顺畅感。

1

2

Step 1 放水果 在500毫升的玻璃壶内，先放入约250毫升的红茶，再放入奇异果丁1个、苹果丁1/4 个、香橙3瓣（图1）。

Step 2 倒入葡萄柚汁 倒入约200毫升葡萄柚原汁，并放在保温座上继续加热一会儿，即可饮用（图2）。

- 调配热水果茶的浓淡可依个人喜好做调整。
- 嗜甜的人可放果糖或蜂蜜增加甜味。

古典巧克力蛋糕

《浓情巧克力》的美味重现。

分量
1个

准备事项

1.准备1个6英寸圆形活动烤模，底部垫一张蛋糕纸。
2.无盐奶油隔热水加热熔化。
3.高筋面粉与小苏打粉混合均匀。
4.烤箱预热。

材料

A.蛋黄40克 细砂糖30克 苦甜巧克力80克
无盐奶油70克 无糖可可粉20克 牛奶2小匙 蛋白60克 细砂糖55克
高筋面粉40克 小苏打粉1/8小匙
B.装饰：糖粉适量

做法

1.蛋黄加细砂糖30克，搅拌均匀备用。
2.苦甜巧克力切碎，隔热水加热，并使用橡皮刮刀搅拌熔化，趁热分别加入熔化的无盐奶油、无糖可可粉和牛奶，用打蛋器搅拌均匀成巧克力糊。
3.将做法1的蛋黄液用橡皮刮刀刮入做法2的巧克力糊中，再用打蛋器拌匀。
4.蛋白用搅拌机打至起泡，分三次加入细砂糖55克，同时快速打至七分发即可（参照P56图f）。
5.先取出1/3的打发蛋白，与做法3的巧克力蛋黄糊拌和，再加入粉料，用打蛋器搅拌均匀，最后将剩余蛋白全部加入，改用橡皮刮刀轻轻搅拌成面糊。
6.将面糊倒入圆模内抹平表面后，再将烤模在桌面多敲几下以震出大气泡。
7.烤盘上放入半杯水，再用上、下火各170℃的火温隔水蒸烤约50分钟。
8.待蛋糕体完全凉透，在表面筛些糖粉装饰即可。

Tips

★使用含可可脂的进口巧克力来制作，口感较浓郁香醇。
★蛋白七分发是打发后尚有流动的感觉。
★隔水蒸烤可使蛋糕湿润度增加，如烘烤过程水分被烤干，则不用再添加水。
★出炉前用小刀确认面糊沾黏，如出现的沾黏状像非常小的细沙即可出炉（意指不需完全烤熟）。

孟老师的Q.S.

不是每种蛋糕口感都是绵细的，也不是每种蛋糕组织都是松软的。因此，品尝属性不同的蛋糕，就该有不同的品尝心境。有了这一层的认识，品尝美味糕点之余，才会出现唇齿交融的幸福。

像这道古典巧克力蛋糕就是非常扎实的欧式蛋糕，一定要试着感受一下它真正的品味精髓。看似与戚风蛋糕的制作方式雷同，都需将蛋白打发，一旦您开始亲手制作，即能体会各式蛋糕的奥妙之处。当黑、白两色食材混合的刹那，撞击出的就是浓情巧克力与纯情蛋白霜的美味交融。

东方美人茶

浓郁的古典巧克力蛋糕配上清爽口感的东方美人茶，有酸碱中和的协调口感。

1

2

3

Step 1 **放茶叶**　先将玻璃壶用滚水温过，再放入东方美人茶叶3匙（图1）。

Step 2 **滤茶汤**　注入沸腾的滚水约250毫升，焖泡约1分钟后，即可将茶汤滤出（图2）。

Step 3 **调味**　可添加少许白兰地橘子酒调味（图3）。

- 东方美人茶也称为“膨风茶”，叶身呈白、绿、红、黄、褐五色相间，风味独特。
- 茶汤浓淡可依个人喜好做调整。

泡芙的另类表现。

迷你酥球

分量 50个

孟老师的Q.S.

这是一道很有乐趣的小点心，看起来似曾相似？没错，这就是泡芙的缩小版，而且一定要很迷您，才会将原本空心的泡芙壳烤成实心、不必填馅的小酥球，还要在表面盖上薄薄的酥皮，才会从里酥到外。

既然强调酥，可见酥球的油分要比传统的泡芙多些，如此一来，才会突显口感的特色，烤好的成品放凉后会显得更酥，一口一球，快乐无穷。有时可以不按章法，不理传统，跳脱理论，稍微玩弄一下创意，这就是玩烘焙的乐趣，不妨试着多玩出几个五颜六色的迷您酥球吧！

准备事项

1. 酥球的全蛋搅散成蛋液。
2. 酥皮的无盐奶油放在室温下软化。
3. 烤箱预热。

材料

A. 酥球：水40克 无盐奶油40克 低筋面粉80克 全蛋100克 无糖可可粉1小匙

B. 酥皮：细砂糖40克 无盐奶油30克 低筋面粉30克 奶粉10克 无糖可可粉1小匙

做法

1. 酥球：水和奶油一起放入锅内，用小火将水煮至沸腾，且奶油呈现熔化状态。
2. 熄火后，立刻将低筋面粉倒入锅内，用木匙快速搅拌均匀成面糊（图a）。
3. 待稍降温后，分三次加入蛋液，同时要完全被面糊吸收（图b）。
4. 将做法3的面糊分成两等份，其中一份加入无糖可可粉搅拌均匀，即成可可酥球面糊，另一份则是原味酥球面糊（图c）。
5. 酥皮：无盐奶油加入细砂糖搅拌均匀，同时加入面粉和奶粉，用橡皮刮刀拌成面团状。
6. 将做法5的面团分成两等份，其中一份加入无糖可可粉搅拌均匀，即成可可酥皮面团，另一份则是原味酥皮面团。
7. 将做法4的两种酥球面糊分别装入挤花袋中，直接在烤盘上，挤出约1.5厘米直径的圆球状。
8. 取做法6的两种酥皮面团做成约0.2厘米厚的圆片状（直径比酥球大），分别盖在酥球上（图d）。
9. 用上、下火各190℃的火温烘烤约25分钟，熄火后继续用余温焖10分钟。

Tips

★酥球的尺寸越小，越容易烤得酥脆。

★酥皮盖在酥球的面积越大，口感越酥脆。

a

b

c

d

蛋黄小西饼

轻飘飘的绝妙口感，瞬间在口腔中散开。

分量 约50份

准备事项

1.低筋面粉加小苏打粉一起过筛。

2.烤盘底部抹油。

3.烤箱预热。

孟老师的Q.S.

顾名思义，这应该是一个蛋味十足的饼干，看它的用料，几乎可以与海绵蛋糕相提并论，在饼干世界中是比较少见的。制作时要注意，需将蛋液完全打发，蓬松的面糊经过烘烤后，水分完全烤干，即可品尝这入口即化的滋味。

除了当成单纯的饼干品尝外，还可将这种饼干直接当成慕斯的蛋糕底，附有孔洞的组织更能吸收慕斯馅料，单一的饼干香也不会混淆慕斯的主味。此外，也可以将饼干捏碎，与奶油拌和后再当慕斯底。虽然是个不起眼的小角色，发挥的用途还挺多呢！

材料

A.全蛋40克 蛋黄40克 细砂糖75克 盐1/8小匙
香草精1/4小匙 低筋面粉85克 小苏打粉1/8小匙

B.夹心：果酱适量

做法

1.全蛋加蛋黄、细砂糖和盐用搅拌机搅打至乳白色且呈浓稠状（图a），接着加入香草精。

2.加入面粉和小苏打粉，用打蛋器轻轻地从底部刮起拌匀成面糊状（图b）。

3.将面糊装入挤花袋内，用垂直的方式挤出直径约1.5厘米的扁圆形（图c），再用上、下火各190℃的火温烘烤约20分钟呈金黄色。

4.出炉后立刻铲起，否则容易沾黏。

5.放凉后即可夹心，将适量的果酱抹在饼干上，两片黏合即可。

Tips

★直径1.5厘米的面糊经过烘烤后，成品可膨胀成直径3厘米。

★如饼干沾黏于烤盘，可再回烤加热后立即取出。

★这种饼干容易受潮，放凉后需要立刻密封保存。

a

b

c

开心果脆挞

卡士达酱延伸的惊喜美味。

分量 约20个

准备事项

1.无盐奶油放在室温下软化。

2.开心果粒切成细末。

孟老师的Q.S.

做点心，其实就是一场排列组合的游戏。杏仁瓦片烤好后趁热塑成一个容器，再填上馅料就成了一个小挞。

除了制作上的乐趣，还可随心所欲地在材料上变花样。根据内馅的口感特色，即可在挞皮中添加搭配性的食材。像这道开心果脆挞中的内馅，是稠密浓醇的开心果酱所做的卡士达奶油，如再佐以底部酥脆的坚果香，互相交错的美味更让人齿颊留香。

这道点心也可以再奢侈、再豪华些，如在内馅底部放上两颗酒渍樱桃，牵引出的多层次口感会更教人惊艳！这种美味也曾在“食全食美”节目中出现过，微熏的美味被主持人焦志方先生形容为：好诱人的味道！

开心果酱： 开心果粒的加工制品，呈浓稠状，常用于慕斯、酱汁的调味以及作为装饰之用。

材料

A.脆挞皮：糖粉40克 蛋白45克 无盐奶油20克 低筋面粉25克 杏仁粒20克

B.内馅：蛋黄20克 玉米粉10克 牛奶100克 细砂糖20克 无盐奶油50克 开心果酱50克 朗姆酒1小匙

C.装饰：开心果粒少许 覆盆子20颗

做法

1.内馅：蛋黄加玉米粉，用打蛋器拌匀成蛋黄糊。牛奶加细砂糖，用小火煮至糖熔化（图a），再冲入蛋黄糊中，同时要边倒边搅。

2.再放回炉火上，继续用打蛋器边煮边搅至浓稠状后（图b），分别加入无盐奶油、开心果酱和朗姆酒搅至完全均匀（图c），放凉后盖上保鲜膜冷藏1小时以上（图d）。

3.脆挞皮：糖粉加蛋白，用橡皮刮刀混合均匀，再加入无盐奶油继续拌匀，最后放入面粉和杏仁粒，拌和成面糊状。

4.用小汤匙取适量的脆挞皮面糊，放在烤盘上推平成直径约5厘米的圆片状（图e）。

5.用上火170℃、下火160℃的火温烘烤约10分钟呈金黄色即可，出炉后趁热立刻放在小容器中塑成小挞壳（图f）。

6.将内馅装入挤花袋内，挤出适量在小挞壳内，表面撒些开心果细末，再放上一颗覆盆子装饰。

Tips

★内馅的制作如同卡士达酱，盖上保鲜膜必须完全粘住酱料。

★内馅的玉米粉可用少许牛奶先调匀，再与蛋黄混合。

★脆挞皮的制作如同杏仁瓦片，面糊摊得越薄越好。

★脆挞皮出炉时，不要将整个烤盘完全拉出来以保持温度，如在塑形时已冷却，可再加热回软。

★成品需要冷藏保存。

a
b
c
d
e
f

榛果可可球

双倍香浓交织在酥松的口感中。

分量 30片

准备事项

1.无盐奶油放在室温下回软。

2.低筋面粉和可可粉一起过筛。

孟老师的Q.S.

理论上，越了解食材特性，就越能掌握美味，这个道理应用在点心上也是再恰当不过了。做饼干，可不一定非要放泡打粉才会酥、松、脆，“榛果可可球”就有这样的效果，其中的榛果粉在面团中发挥了让组织产生空隙的功能，所以烘烤后的成品不至于太过紧密，吃在嘴里也就有了酥酥的好口感。

既然了解了这样的概念，同理可证，类似的情形也可比照办理。不是自夸，但有时不得不承认，玩烘焙的人，实在称得上是优雅的化学实验家。

材料

A.无盐奶油90克 糖粉40克 低筋面粉110克
无糖可可粉2大匙 榛果粉50克

B.装饰：糖粉适量

做法

1.无盐奶油加糖粉，用橡皮刮刀拌匀，然后放入筛过的面粉和无糖可可粉，稍微拌和。

2.加入榛果粉，用手抓揉混成面团状。

3.将面团包在保鲜膜内，冷藏松弛30分钟后，取出分割成每块约8克的小块，再揉成圆球状。

4.用上火180℃、下火160℃的火温烘烤约20分钟，熄火后再继续焖10分钟。

5.出炉放凉后，再均匀筛些糖粉即可。

Tips

★分割的面团不要太大才容易烤透。

★如无法取得榛果粉，可用杏仁粉代替。

榛果粉（Hazelnut）： 是由榛果加工而成的粉末状，常用于西式蛋糕和慕斯的馅料，味道浓郁。

培根洋葱咸饼干

开胃爽口，满足味觉的平衡感。

分量 约15片

准备事项

1. 高筋面粉、低筋面粉及泡打粉混合过筛。
2. 无盐奶油放在室温下软化。
3. 洋葱及培根分别切成细末。
4. 准备1个最长处6.5厘米、最宽处4厘米、高4厘米的椭圆框。

材料

高筋面粉50克 低筋面粉100克 泡打粉1/4小匙
无盐奶油50克 白油20克 盐1/4小匙 细砂糖10克
蛋白25克 洋葱15克 培根1片 黑胡椒1/8小匙

做法

1. 培根放入锅内，用小火炒香，再加入洋葱末一起拌炒，熄火后加入黑胡椒调味，放凉备用。
2. 无盐奶油、白油、盐和细砂糖用打蛋器搅拌均匀，再加入蛋白继续拌匀。
3. 加入过筛后的粉料，用橡皮刮刀轻轻拌和，再将做法1的材料拌入，用手抓揉混成面团。
4. 将面团放在桌面擀平成0.4厘米厚的薄片，再用椭圆框切割。
5. 用上火180℃、下火160℃烘烤约20分钟，熄火后继续焖10分钟即可。

Tips

★尽量将培根多余的油脂切除。
★炒培根时，锅内不必放油。

孟老师的O.S.

还没有吃这道饼干，单从材料上判断，您应该大概就知道它是什么样的口味。有时候做点心，会想加些额外的食材，并设定自己希望的味道，这时就需在制作时将食材稍加处理，否则很可能做出来的成品不具任何意义。举例来说，红茶的茶叶直接添加在饼干面团中，就不如先将茶叶浸湿后所做出的成品有味道，“培根洋葱咸饼干”中的培根、洋葱如没有经过事先炒香、炒干，品尝起来的风味就会略逊一筹，这就是烹饪常常强调的“入味”啰！

乌龙冰茶

口味浓厚的饼干，借由清爽宜人的乌龙冰茶调和口感。

Step 1 放茶叶 将茶叶15克放入玻璃壶内。

Step 2 冲泡 直接注入约900毫升冷开水。

Step 3 冰镇等待 放入冰箱冰镇，约8小时后茶汤入味即可。

茶叶的品种可任选。

波士顿派

深藏记忆中的熟悉美味。

分量 1个

准备事项

1.香草精、色拉油和牛奶先放入同一容器中。
2.低筋面粉、玉米粉和泡打粉一起过筛。
3.细砂糖80克和挞挞粉放入同一容器中。
4.准备1个8英寸的派盘，并在底部垫一张蛋糕纸。
5.烤箱预热。
6.奇异果切成片状。

材料

A. 蛋糕体：蛋黄65克 细砂糖30克 香草精1/2小匙 色拉油35克 牛奶35克 低筋面粉90克 玉米粉15克 泡打粉1/2小匙 蛋白100克 细砂糖80克 挞挞粉1/4小匙

B.夹心馅：植物性鲜奶油150克 奇异果2个

C.装饰：糖粉适量

做法

1.蛋黄加细砂糖30克，用打蛋器拌匀，再加入香草精、色拉油和牛奶的混合液体。
2.倒入混合筛过的粉料，用打蛋器以不规则方式搅拌均匀成无颗粒的蛋黄面糊。
3.蛋白用搅拌机打至起泡，分三次加入细砂糖80克与挞挞粉，同时快速打至九分发即可（参照P56图c）。
4.先取1/3的打发蛋白与做法2的蛋黄面糊拌和，再将剩余蛋白完全混合，并用橡皮刮刀轻轻从容器底部刮起拌匀。
5.将做法4的面糊倒入派盘上，用上、下火各180℃烤约25分钟，放凉后横切2片备用。
6.植物性鲜奶油用搅拌机打发，抹在蛋糕片上约1厘米的厚度，再放上奇异果片，然后再抹一层鲜奶油如山丘状，最后盖上另一片蛋糕片。
7.在表面均匀撒上糖粉，冷藏后即可食用。

Tips

★蛋糕脱模前，需先用小刀将烤模四周划开。
★完成后的波士顿派经过冷藏再切割较理想。
★夹心馅的植物性鲜奶油可用动物性鲜奶油代替。

孟老师的Q.S.

波士顿派和美国的波士顿有关联吗？我想应该有吧。其实这一点也不重要，重要的是很多蛋糕族对波士顿派情有独钟，这道点心在中国台湾非常普遍，熟悉的外貌、朴实的口感，品尝波士顿派就是品尝亲切的美味，所以，至今它仍不致被一堆花俏炫丽的糕点所淹没。

想要自制一个好吃的波士顿派一点也不难，重点在于必须努力完成一个蛋糕体。至于该做分蛋式的戚风蛋糕还是全蛋式的海绵蛋糕，那就悉听尊便了。接下来就是在两片蛋糕之间夹上打发的鲜奶油，并在山丘状的表面撒上糖粉，即大功告成了。

开胃咸挞

香、浓、醇的满足令人难以抗拒。

分量 8个

准备事项

1.无盐奶油、奶油奶酪放在室温下软化。
2.培根切成细末。
3.挞模内抹油。
4.烤箱预热。

材料

A.咸挞皮：无盐奶油60克 盐1/4小匙 蛋黄1个 低筋面粉100克

B.内馅：奶油奶酪30克 牛奶50克 动物性鲜奶油50克 全蛋1个 盐适量 黑胡椒适量 培根2片 冷冻综合蔬果80克 披萨奶酪适量

做法

1.咸挞皮：无盐奶油加盐和蛋黄，用橡皮刮刀拌匀，再直接筛入面粉，轻轻拌和成面团，并将面团冷藏松弛30分钟。

2.将面团分割成八等份，再分别铺在挞模内，用拇指的指腹将面团平均延展推平，再将多余的面团用刮板切掉（参照P38图a和图b的做法）。

3.内馅：培根末放入干锅内，用小火炒香，再放入冷冻综合蔬果拌炒均匀。

4.奶油奶酪先用打蛋器以隔热水加热方式搅散，再加入牛奶和鲜奶油拌匀，然后分别加入全蛋、盐及黑胡椒拌成牛奶酱汁。

5.将牛奶酱汁倒入做法2的咸挞皮内约1/2的量（图a），再加入做法3的内馅，然后再将牛奶酱汁倒入约达九分满（图b）。

6.在表面撒上适量的披萨奶酪（图c），用上火180℃、下火190℃烘烤约20分钟，表面呈金黄色即可。

Tips

★内馅的材料可随个人喜好做变换。

★出炉后，稍降温才易脱模。

孟老师的O.S.

在不失原来风味的情况下，将点心缩小或放大都是不受限制的，这道咸挞其实就是将咸派（Quich）做成小号，取用时更加方便。值得推荐的是，其熟悉的滋味热腾腾品尝起来，让人心中产生一股说不出的暖流，尤其在餐会中与各式甜点搭配食用，更能增加咸、甜的平衡感。

好吃的咸挞，主要就是用奶酪、牛奶和蛋液所调制而成的馅料，再加入自己喜欢的馅料，如各式火腿、氽烫过的海鲜、新鲜蔬果都很适宜。刚出炉的咸挞，最能品尝到酥松的饼皮香和奶味十足的馅料，其丰富的滋味绝对能媲美意式的Pizza。

a

b

c

香橙果酱小西饼

任何场合都抢眼的精美小西点。

分量 约30片

准备事项

1.无盐奶油放在室温下软化。
2.杏仁粉和糖粉一起过筛。
3.烤箱预热。

材料

A.无盐奶油80克 杏仁粉50克 糖粉50克 盐1/4小匙 蛋白25克 香奶酪皮屑1个 低筋面粉100克

B.内馅：果酱适量

做法

1.无盐奶油加筛过的杏仁粉、糖粉和盐，用搅拌机搅打均匀，再加入蛋白和香奶酪皮屑继续拌匀。

2.直接筛入面粉，用橡皮刮刀轻轻拌和成面糊，然后装入挤花袋内，挤成直径3厘米的圆圈。

3.用上火180℃、下火160℃烤15分钟，取出后在中心放上适量的果酱，然后再续烤约10分钟，呈金黄色即可。

Tips

★材料中的杏仁粉与糖粉分量为1:1，即是法文的材料名称T.P.T.（TANT POUR TANT）。

★香奶酪皮屑可用擦姜板磨出。

★将面团先烤定型后，再放入果酱，才不会因烘烤太久而变干。

孟老师的Q.S.

看到这种小西饼是很有亲切感的，想起小时候开始吃西点的记忆，“饼干”应该算是最初的体验，虽然和现在比起来，显得口感粗糙、包装简陋，但当时仍觉得它美味无比。后来，机器开始生产各式精美小西饼，到现在又回到强调自然的手工饼干，看得人眼花缭乱，口味多、花样俏，光是吃饼干、做饼干，就足以让酷爱饼干的烘焙族玩个不停了。

想要快速享受朋友对您崇拜的眼神，就从这个简单容易的小西饼开始着手吧！

精致的餐盘佐以令人赞叹的甜点，
营造生活品位，就从优雅的下午茶开始。

Part7 贵族品位的下午茶

设计重点：多层次的口感交织在精心布置的优雅气氛中，可媲美五星级饭店。

点心与饮品清单：

1.司康饼＋香橙苹果茶
2.薄荷奶茶小挞
3.蓝莓大理石慕斯
4.马德雷妮
5.法式杏仁蛋糕＋热橘茶
6.巧克力杏仁饼干
7.可可杏仁豆＋薰衣草蜂蜜花茶
8.焦糖巴巴露
9.梦幻鲜果慕斯
10.蛋白小西饼

司康饼

无法缺席的下午茶代表作。

分量 8个

准备事项

1.无盐奶油称好后，先放入冰箱冷藏，保持固态。
2.全蛋加牛奶混合在同一容器中。
3.准备1个直径5厘米的圆刻模。

材料

低筋面粉150克 泡打粉1小匙 细砂糖20克 盐1/2小匙 无盐奶油40克 全蛋1个 牛奶20克

做法

1. 面粉、泡打粉、细砂糖和盐混合，放在工作台上，用刮板拌和均匀（图a）。
2.无盐奶油放在做法1的粉堆中，用刮板切成颗粒状（图b）。
3.围成一个粉墙，将全蛋和牛奶的混合液体直接倒入其中（图c），再用叉子慢慢地将内侧的面粉往内拨盖住液体（图d）。
4.用手与刮板拌和干湿的材料（图e），将松散材料以切拌折叠方式聚合成团（图f）。
5.将做法4的面团包在保鲜膜内，冷藏松弛30分钟以上（图克）。
6.将面团擀成厚约1.5厘米的片状，再用圆模刻出圆饼状（图h），放在室温下松弛10分钟。
7.在表面刷上蛋液，放入事先预热好的烤箱中，用上火180℃、下火160℃烘烤约25分钟。

Tips

★司康饼要有厚度口感才好。
★将司康饼横切为二，再抹奶油或果酱。
★加热时，可用低温150℃烘烤约10分钟。

孟老师的Q.S.

很多人看到司康饼（Scone），会联想到姊妹品比司吉（Biscuit）。这两种外形类似的点心，既没有面包的咬劲，也没有蛋糕的松软，更没有饼干的酥脆，不过，制作起来都是简单又方便，因此，归类为快速面包（Quick Bread）。两者因制作上的些许不同而造成口感、触感的差异，司康饼的奶油粒与面粉经切压拌和，会使组织稍具层次感，口感也较扎实。

单吃司康饼，相信没几个人提得起兴趣，不过，一旦抹上了速配的果酱或奶油，美味立刻升级。尤其放在下午茶的点心盘上，很能营造视觉与味觉的满足感受，称它为下午茶的代表点心，一点儿也不为过。

香橙苹果茶

咀嚼司康饼时所散发的天然麦香，搭配香橙苹果冰茶释放的水果清香，整体的口感很和谐。

1

2

3

Step 1 放红茶 约800毫升的玻璃壶内先放入适量冰块，再注入约200毫升的红茶（图1）。

Step 2 磨果泥 加入苹果丁和柳橙果肉各约1/2个，再将1/2块的苹果果泥磨入玻璃壶内（图2）。

Step 3 入果汁 注入约600毫升的柳橙原汁即成（图3）。

为突显香橙风味，红茶的分量与浓度可降低。

苹果果泥的分量可再增加，味道会更浓郁。

薄荷奶茶小挞

茶香、奶味交融的精致品味。

分量 10个

准备事项

1. 备数个长9厘米、宽4厘米、高1.5厘米的船形小挞。
2. 挞模内铺上铝箔纸，并刷上均匀的奶油以利脱模。
3. 无盐奶油放在室温下软化。
4. 吉利丁片用冰开水泡软并挤干水分。
5. 烤箱预热。

材料

A.脆挞皮：糖粉30克 无盐奶油10克 蛋白30克 低筋面粉45克 杏仁粒50克

B.内馅：蛋黄15克 牛奶50克 动物性鲜奶油25克 细砂糖15克 伯爵茶叶5克 薄荷叶10片 吉利丁片1片 动物性鲜奶油（打发用）65克

C.装饰：核桃20克 无糖可可粉少许

做法

1. 脆挞皮：糖粉加无盐奶油用打蛋器拌匀，加入蛋白继续拌匀，最后分别加入面粉、杏仁粒，用橡皮刮刀拌成面团。
2. 将面团平分成10等份，直接铺在挞模内并压紧（图a），用上、下火各180℃烤约15分钟，呈金黄色备用。
3. 内馅：蛋黄用打蛋器搅散成蛋黄液。牛奶加动物性鲜奶油、细砂糖、伯爵茶叶和薄荷叶一起放入锅内，用小火煮至糖熔化且呈褐色的奶茶（图b），再冲入蛋黄液中（图c），同时要边倒边搅。
4. 再放回炉火上，用小火煮至成浓稠状的“安格列斯馅”（图d），趁热加入吉利丁片，用打蛋器拌匀后再过筛。
5. 将做法4的材料隔冰水降温至浓稠状。
6. 动物性鲜奶油打至七分发（参照P.55图C），先取1/3的量，与做法5的材料用打蛋器拌匀，再将剩余的鲜奶油全部加入拌匀，即成奶茶慕斯。
7. 将奶茶慕斯装入挤花袋中，直接挤在烤好的脆挞皮上，撒上少许可可粉，并放上碎核桃，冷藏后即可食用。

Tips

★做法4再放回炉火上煮至浓稠状的“安格列斯馅”（Angelis Cream）即蛋黄及牛奶做成的浓稠酱汁，常用来作为慕斯或冰激凌的基底材料。

★将奶茶慕斯降温至凝固状，挞皮内才可填入较多的馅料。

★加入吉利丁片后静置10分钟再过筛，味道会更浓郁。

孟老师的OS

以中国菜讲究“入味”的理论应用在法式西点上也非常恰当。当然，好吃的红酒洋梨派中的洋梨，非得先用红酒蜜得红彤彤不可；而烤布丁若是事先没有香草豆荚的带动，滋味也就被打了折扣。

制作“薄荷奶茶小挞”时，切记要表现红茶入味的功夫。当清香的伯爵茶完全融入香醇的牛奶糊中时，一切的香滑、厚实口感才能表露无疑，其中点到为止的薄荷香则只要稍加衬托即可。

b
c
d

蓝莓大理石慕斯

让心情愉悦的淡雅香甜滋味。

分量
1个

准备事项

1.准备1个6英寸圆形慕斯框。
2.奶油奶酪放在室温下回软。
3.吉利丁片用冰开水泡软并挤干水分备用。
4.烤箱预热。

孟老师的Q.S.

所谓烘焙坊或咖啡连锁店的西点橱窗中，一定会出现种类多又花哨的慕斯系列蛋糕。慕斯，这种以调和食材方式所制作的产品，最能直接表现味道的独特性，大部分都以水果入味或再搭配其他辅佐性的食材。

相较之下，做慕斯少了烘烤的麻烦，尤其最方便的是可以实时掌控您要的味道，拌和食材的同时，即可立即确认味道浓淡或口感稠稀的程度；当然最令人赏心悦目的还是在于可将慕斯不按牌理出牌地装饰一番。

材料

A.蛋糕体：蛋白45克 细砂糖15克 杏仁粉35克 糖粉30克

B.慕斯：奶油奶酪100克 牛奶100克 细砂糖65克 香草豆荚1/2根 吉利丁片3片 动物性鲜奶油200克 蓝莓果泥15克

C.装饰：植物性奶油150克 覆盆子12颗 薄荷叶适量

做法

1.蛋糕体：蛋白加细砂糖用搅拌机打发后，同时筛入杏仁粉与糖粉，用橡皮刮刀拌成面糊状。

2.面糊装入挤花袋中，直接在烤盘上挤成螺旋状的蛋糕体（图a），用上火180℃、下火160℃烘烤约12分钟，呈金黄色，用慕斯框切割蛋糕体备用（图b）。

3.慕斯：奶油奶酪用打蛋器以隔热水加热的方式搅散，加入牛奶、细砂糖和香草豆荚搅拌至完全均匀。

4.趁热加入吉利丁片，确实搅拌均匀并熔化，然后隔冰水降温至浓稠状。

5.动物性鲜奶油打至七分发，先取1/3的量与做法4的材料用打蛋器拌匀，再将剩余的鲜奶油全部加入拌和，即成奶酪慕斯。

6.取100克奶酪慕斯与蓝莓果泥混匀（图c），然后与其他的奶酪慕斯轻轻拌和呈大理石纹路，然后倒入慕斯框内的蛋糕体上，并将表面抹平。

7.冷藏约2小时凝固后，将打发的植物性鲜奶油抹在慕斯上，在表面划出纹路，并放上覆盆子和薄荷叶装饰。

a

b

c

Tips

★如无法购得蓝莓果泥，可用其他口味果泥代替。

★慕斯冷藏凝固后，也可直接在表面抹上镜面果胶装饰，不必抹鲜奶油。

马德雷妮

法式风情的香浓奶油小蛋糕。

分量
约30片

准备事项

1.准备数个最长处8厘米、最宽处5厘米、深1厘米的贝壳模型，并在烤模内抹油。

2.烤箱预热。

材料

无盐奶油100克 细砂糖 75克 盐1/4小匙 全蛋100克
香草精1/2小匙 低筋面粉100克 泡打粉（B.P.）1/2小匙
香吉士皮1个 白兰地橘子酒1小匙

做法

1.无盐奶油加细砂糖和盐，以隔热水方式用打蛋器搅拌均匀，待降温后加入全蛋、香草精继续搅拌均匀。

2.加入白兰地橘子酒并刨些香吉士皮屑拌匀。

3.一起筛入面粉和泡打粉，用橡皮刮刀轻轻地拌成面糊状。

4.将面糊倒入贝壳烤模内，用上、下火各180℃烤约20分钟，呈金黄色即可。

Tips

★降温后较容易脱模。

★白兰地橘子酒也可用朗姆酒代替。

孟老师的O.S.

相信很多会做点心的人，过去都曾有过一种共同的经验，就是曾经吃过、看过的甜点，却叫不出名称，吃到奶油口味的就说奶油蛋糕，看到黑色巧克力外貌的就说巧克力蛋糕。

其实很多点心都有个好听的名字，甚至一段温馨感人的小故事。就像马德雷妮女士（Madeleine）发明的蛋糕，她曾为国王史挞尼斯拉（Stanislas）解决了糕饼主厨临时在宴会中离职的窘境，国王为了感谢这位马德雷妮女士，因此就以她的名字来为糕点命名。

这道奶油小蛋糕的诱人之处是可以品尝到柳橙果香与酒香，其特殊的风味在特有的贝壳造型上更显突出，一旦制作时的材料或模型没有忠于原味，成品也就称不上是马德雷妮了。

法式杏仁蛋糕

回荡舌尖、意境无穷的欧风情怀。

分量 1个

准备事项

1.准备20厘米×20厘米的方形烤模，并在烤模内铺一张铝箔纸，再抹上奶油防沾黏。
2.苏打饼干装入塑料袋中，用擀面杖压成饼干屑。
3.蛋糕底与蛋糕体的无盐奶油分别隔热水加热熔化。
4.酥波粒的无盐奶油称好后，放在冷藏室保持固态。

材料

A.蛋糕底：苏打饼干120克 无盐奶油20克 蛋白20克

B.蛋糕体：细砂糖90克 全蛋3个 盐1/4小匙 牛奶50克 无盐奶油35克 柠檬皮1个 低筋面粉50克 杏仁粉150克

C.酥波粒：糖粉20克 低筋面粉20克 无盐奶油30克

做法

1.蛋糕底：饼干屑和熔化的无盐奶油及蛋白用手混合均匀后，直接铺在烤模内，用手摊平并压紧。

2.蛋糕体：细砂糖加全蛋和盐，用打蛋器搅拌均匀，再分别加入牛奶和熔化的无盐奶油，然后刨入柠檬皮屑继续拌匀。

3.一起筛入低筋面粉和杏仁粉，用橡皮刮刀轻轻拌匀成面糊，再倒入蛋糕底上，并将表面抹平。

4.酥波粒：糖粉与低筋面粉用手混合均匀后，将无盐奶油放在粉堆中，用刮板切割如红豆般的大小。

5.做法4切割后的奶油，再过筛多余的粉料即为酥波粒（图a），直接撒在做法3的蛋糕体表面。

6.用上、下火各180℃烤约20分钟，呈金黄色即可。

a

Tips

★柠檬皮屑的分量可依个人喜好增减，也可用香吉士代替。

★蛋糕体的表面也可直接铺上杏仁片烘烤。

★放在室温下密封保存即可。

孟老师的O.S.

在吃蛋糕的所有记忆中，我还是较偏好所谓的欧式蛋糕，感觉上比较像在吃蛋糕，口腔不会轻飘飘的没有踏实感。

法式杏仁蛋糕就有这样的意境，味道香醇浓郁、口感扎实，从开始咬的第一口到咀嚼、品尝，每一阶段好像都有不同的味蕾体验。特别是这种蛋糕，无论在温热时还是冷却下食用，都有不同的风味。

1

2

热橘茶

微酸的热橘茶可调和法式杏仁蛋糕的甜味，并与蛋糕口感融合后，使浓郁的香气更提升。

Step 1 **放金橘、红茶** 在玻璃壶内放入6颗切半的金橘和100毫升红茶。

Step 2 **注热水** 注入沸腾的滚水约400毫升（图1）。

Step 3 **调味** 焖泡约3分钟，即可滤出茶汤，并用蜂蜜调味（图2）。

■需注意金橘焖泡的时间，越久越会释放涩味。

■若无蜂蜜，改用果酱调味也别有风味。

巧克力杏仁饼干

满足烘焙初体验者的成就感。

分量 约25个

准备事项

1. 无盐奶油放在室温下软化。
2. 低筋面粉、无糖可可粉和小苏打粉一起过筛。
3. 烤箱预热。

材料

细砂糖80克 无盐奶油80克 盐1/4小匙 全蛋1个
低筋面粉200克 无糖可可粉30克 小苏打粉1/2小匙
杏仁片100克

做法

1. 无盐奶油加细砂糖和盐，用搅拌机搅打均匀，再加入全蛋拌匀。
2. 倒入过筛后的粉料，用橡皮刮刀稍微拌和一下，然后加入杏仁片，用手抓拌均匀成面团状。
3. 将面团放在保鲜膜上，整形成四方体，冷藏1小时以上待面团凝固。
4. 将面团切成约0.8厘米的厚度，用上火180℃、下火160℃烘烤约30分钟。

Tips

★饼干形状随个人喜好，也可整成圆柱体。
★杏仁片也可用其他坚果代替。

孟老师的Q.S.

在所有西点种类中，饼干应该算是最容易上手、失败率也最低的产品，制作方便又快速。烤个饼干，再精巧包装一下，拿来当做伴手礼，保证大受欢迎。

相信有很多烘焙族有和我一样的经验，就是家里一堆尚未烤完的饼干生面团丢在冷冻库中保存。其实，这就是烤饼干的好处，剩余的面团可以慢慢再用，更方便的是有时候还可应付不时之需。就像“巧克力杏仁饼干”一样，随时可以为您的下午茶“加菜”。

可可杏仁豆

品尝坚果香延伸的滋味。

分量 约70颗

准备事项

1.杏仁豆用上、下火各150℃烤10分钟后备用。

2.苦甜巧克力隔热水加热成液体。

材料

细砂糖30克 水30克 杏仁豆75克

苦甜巧克力50克 无糖可可粉20克

做法

1.细砂糖加水用小火煮至糖完全熔化成糖浆状（图a），然后加入杏仁豆拌炒（图b）。

2.糖浆附着在杏仁豆后慢慢呈现结晶状（图c），然后结晶体慢慢地熔化，继续用木匙炒到呈焦糖色后即熄火（图d）。

3.做法2的焦糖可可豆盛在盘内降温，再倒入锅内和巧克力液混合拌匀（图e），待杏仁豆上的巧克力液凝固后，即可反复沾裹无糖可可粉（图f）。

Tips

★杏仁豆与糖浆拌炒至呈现结晶状时也可以停止，未必要呈焦糖色。

★杏仁豆与巧克力液拌和时，可延长放在室温下的时间，待巧克力液冷却且浓稠，即有较多的量附着在杏仁豆表面。

孟老师的Q.S.

自己会做各种点心好处不少，当需要送朋友礼物时，就可因人而异地投其所好。

“可可杏仁豆”让我想到一件往事：有个朋友特别爱吃杏仁豆，任何有杏仁豆的点心都不放过，有一年她的生日，我突发奇想，特别做了一大包的“可可杏仁豆”取代生日蛋糕送她。当时我多少有点儿心虚，深怕这种生日礼物与生日蛋糕的形象差距太远，没想到她的评价竟然是：了不起的生日礼物！

杏仁豆先裹上一层焦香的糖衣，再蘸上浓醇的巧克力液，最后撒上苦中带甘的可可粉，当杏仁豆穿上层层外衣后，味道的范围也就更扩展了。

杏仁豆（Almond）：糕点中常用的坚果食材之一，富含油脂，必须冷藏保存。一般在烘焙材料店购买。

薰衣草蜂蜜花茶

可可杏仁豆的味道非常浓厚，可借由特殊香气的薰衣草蜂蜜花茶平衡一下口感，两者搭配变换成另一风味。

Step 1 温壶 将玻璃壶用沸腾滚水温过后，放入干燥薰衣草1 大匙。

Step 2 注滚水 注入热水约500毫升，焖泡约3分钟即可，也可继续放在保温座上保温（左图）。

■干燥薰衣草的分量可依个人喜好做增减。

■饮用时可加入蜂蜜调味。

a
b
c
d
e
f

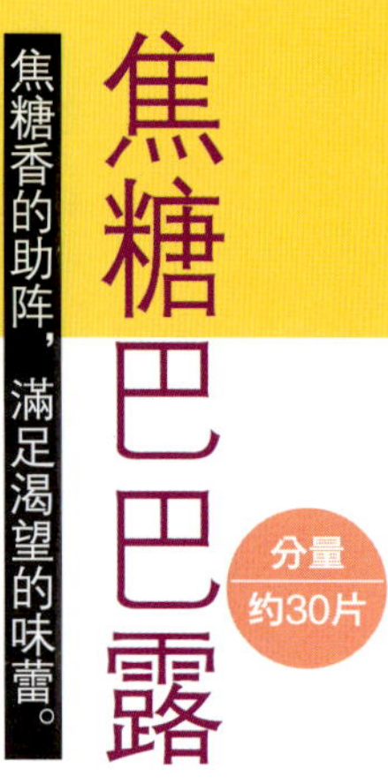

焦糖巴巴露

焦糖香的助阵，满足渴望的味蕾。

分量 约30片

准备事项

1.准备4个长8厘米、宽5厘米、高4厘米的水滴形慕斯框，用铝箔纸将慕斯框从底部包好。
2.饼皮的奥利奥巧克力饼干装入塑料袋中，用擀面杖压成饼干屑。
3.无盐奶油隔热水加热熔化。
4.蛋黄放在容器中，搅散成蛋黄液备用。
5.吉利丁片用冰开水泡软并挤干水分。
6.巴巴露的奥利奥巧克力饼干用手捏碎。

孟老师的Q.S.

有一年随电视节目“食全食美”去采访下午茶蛋糕吃到饱的点点滴滴，那一次，算是真正领教到一堆食客在有限时间内争食蛋糕的震撼。不管蛋糕种类，也不在乎内容，更不管自己的胃口，全部点心一股脑往自己的盘子堆，吃蛋糕像在打仗一样，品尝过程是在一片混乱中进行的，所有吃点心的品味完全荡然无存。这也是我为什么反对优雅的下午茶，却以“吃到饱”这样的方式呈现的原因。

品尝点心异于品尝料理之处，就是多了一份心情上的闲适感，同时，随着不同滋味的转换，舌尖的记忆也会随之起舞，可能的话，让味蕾的体验从轻柔到深沉、慢慢一层一层加重。譬如这道“焦糖巴巴露”的厚实滋味，最好别抢先食用，否则，接下来的水果慕斯，吃起来就没感觉了。

材料

A.饼皮：奥利奥巧克力饼干30克 无盐奶油10克

B.巴巴露：细砂糖70克 水2小匙 牛奶70克
动物性鲜奶油20克 蛋黄1个 吉利丁片2片
动物性鲜奶油135克 奥利奥巧克力饼干4片

做法

1.饼皮：饼干屑与熔化的无盐奶油用手混匀，平均铺在水滴形慕斯框内，用手摊平并压紧（图a）。
2.巴巴露：细砂糖加水用小火煮至糖水稍上色时，开始将牛奶和20克动物性鲜奶油另外加热至90℃左右，待糖水呈焦糖色时，再将热牛奶慢慢倒入焦糖内，用木匙轻轻拌匀。
3.将做法2的焦糖牛奶倒入蛋黄液中，再放回炉火上用小火煮至浓稠状。
4.趁热加入吉利丁片拌至完全熔化，然后隔冰水降温至浓稠状。
5.动物性鲜奶油打至七分发，先取1/3的量，与做法4的材料拌和，再将剩余的鲜奶油全部加入拌匀，即成焦糖巴巴露（图b）。
6.将捏碎的奥利奥巧克力饼干混合在做法5的巴巴露馅料中拌匀。
7.填入做法1的慕斯框内，将表面抹平，并冷藏大约1小时。
8.待凝固后，可将表面涂抹上镜面果胶，再做装饰即可。

奥利奥巧克力饼干：一种市售饼干，除直接食用外，磨碎后常用来当成奶酪蛋糕或慕斯垫底用；使用前，需先将夹心糖霜取出，只使用饼干本身即可。

Tips

★煮焦糖时，请参考P54的做法6。

★所谓巴巴露（Bavarois），是源自德国巴伐利亚区，后来传至法国的点心。将蛋黄和牛奶做成浓稠酱汁后，再添加吉利丁，使其凝固，成品口感与一般慕斯类似。

梦幻鲜果慕斯

甜中带酸，惊喜不断。

分量 2个

准备事项

1.准备2个最长处6.5厘米、最宽处7.5厘米、高3.5厘米的心形慕斯框。
2.用保鲜膜将心形慕斯框的底部包好。
3.吉利丁片用冰开水泡软并挤干水份备用。
4.新鲜蓝莓洗净后擦干水分。

材料

A.慕斯馅：新鲜蓝莓约30颗 百香果原汁50克 香吉士原汁25克 细砂糖35克 朗姆酒1大匙 吉利丁片3片 动物性鲜奶油120克 奇福饼干屑10克

B.表面装饰：镜面果胶

做法

1. 新鲜蓝莓平均铺在两个心形慕斯框内（图a）。
2. 百香果原汁加香吉士原汁和细砂糖，用小火煮至糖熔化，熄火后趁热加入吉利丁片和朗姆酒，用橡皮刮刀拌匀。
3. 动物性鲜奶油打至七分发，先取1/3的量与做法2材料拌和，再将剩余的鲜奶油全部加入拌匀，即成慕斯馅。
4. 将慕斯馅分别倒入两个心形慕斯框内，抹平表面，均匀撒上奇福饼干屑，冷藏约1小时待凝固。
5. 脱模后，将原来铺有新鲜蓝莓的底部翻转上来，再抹上镜面果胶装饰即可。

Tips

★如无法购得新鲜蓝莓，也可用泡过朗姆酒的葡萄干代替。

孟老师的O.S.

有些人非常排斥吃慕斯，那我可要为慕斯叫屈。其实慕斯本身没错，错就错在人为因素，不讲究食材或是忽略制程，都足以影响慕斯口感的好坏。

所谓“慕斯”，原意是指充满空气，在不断搅打的过程中，如何掌握恰到好处的时间即是重点，若是搅打过久、拌入过多空气，吃在嘴里口感就不太好。慕斯讲究绵细、滑顺，这时就得坚持一定要用动物性鲜奶油，制作出的成品化口性才好。

这道“梦幻鲜果慕斯”如能掌握以上基本原则，那绵细的鲜奶油拌入甜中带酸的水果馅料中，所交织出来的美妙口味，任谁都可以完成呢！

a

蛋白小西饼

轻易掳获人心的平凡小西点。

分量
约50片

准备事项

1.无盐奶油放在室温下软化。
2.低筋面粉和杏仁粉一起过筛。
3.烤箱预热。

材料

无盐奶油120克 糖粉50克 盐1/4小匙 蛋白25克
香草精1/4小匙 低筋面粉130克 杏仁粉20克
装饰：糖粉适量

做法

1.无盐奶油加入糖粉及盐，先用橡皮刮刀拌匀，再改用搅拌机搅打。
2.加入蛋白和香草精继续拌匀。
3.同时加入筛过的粉料，用橡皮刮刀轻轻拌匀成面糊状。
4.将面糊装入挤花袋中，再用尖齿花嘴挤出弯曲的造型。
5.用上火180℃、下火160℃烘烤约25分钟，出炉后放凉再撒上糖粉即可。

Tips

★挤出的形状可依个人喜好而变化。
★装入挤花袋中的面糊量不要过多，这样挤花的动作才不会吃力。

孟老师的Q.S.

就做点心的理论来说，一个烘焙者应该可以从饼干的外观印象马上有一些判断或联想。看到像“蛋白小西饼”这样的画面，有造型、有纹路，表示绝不会是干干的面团用手直接塑形的，而一定是软软的面糊装在挤花袋内所做出来的挤花式小西饼。

有了这样的基本概念，可以让您在制作过程时更有“感觉”，到底应该是面团还是面糊，这可牵扯到称料是否有误呢！其次，也可以明确知道饼干口感的属性，譬如看到挤花的面糊饼干，就知道尝起来应该是既酥又松的哟！

玩了好久的烘焙，什么样的甜点也都难不倒自己，
那就表现一下吧！好好享受朋友崇拜的眼神。

Part8 自我表现的下午茶

设计重点：种类、口感兼具，还可随性享受现烤现出炉的美味与乐趣。

点心与饮品清单：

1.法式千层糕
2.柠檬小挞＋热可可
3.法式脆糖烤布丁
4.巧克力舒芙蕾
5.意式咖啡奶冻蛋糕
6.抹茶卷心酥饼
7.布烈挞尼酥饼＋薄荷话梅热茶
8.拿铁慕斯杯
9.炸薯球
10.吉士饼＋冰摩卡咖啡

法式千层糕

满足心灵到味觉的享受。

分量
1个

准备事项
奶油奶酪放在室温下回软。

材料

A.法式薄饼：全蛋1个 细砂糖1小匙 牛奶100克 色拉油1小匙 低筋面粉50克

B.香橙奶酪酱：奶油奶酪100克 细砂糖30克 香吉士皮1个 香吉士原汁1大匙

C.装饰：糖粉适量

做法

1.法式薄饼：全蛋加细砂糖，用打蛋器搅拌均匀，再分别加入牛奶、色拉油继续搅匀，筛入低筋面粉，用打蛋器搅拌至完全没有颗粒的粉糊，盖上保鲜膜，放在室温下静置30分钟以上再使用。

2.香橙奶酪酱：奶油奶酪加细砂糖，用打蛋器拌匀，加入香吉士皮屑和香吉士原汁搅拌均匀即可。

3.用厨房纸巾蘸少许的奶油，抹在平底锅内，倒入一大匙粉糊，摊开成直径约9厘米，用小火煎至薄饼稍稍上色即可，然后在锅内再抹上少许奶油，续煎下一张薄饼。

4.将已放凉的薄饼抹上一层香橙奶酪酱，再盖上一张薄饼，继续重复以上抹酱和盖薄饼重叠的动作。完成后，放入冷藏，食用前撒上糖粉即可。

Tips

★煎薄饼时，当四周的粉糊开始变干即可起锅，不必翻面。

★重叠的薄饼共约有20张（高度可随意）。

孟老师的O.S.

看到千层软糕时，第一印象就被那层次分明的优雅线条所吸引，尤其那软嫩嫩的口感与香甜的柳橙吉士融入口中，真是说不出的搭配。另一种经典吃法是搭配一球香草冰淇淋，也堪称一绝。

这道甜点说穿了，就是将一张张法式薄饼夹着温润爽口的馅料，一层层堆砌而上形成蛋糕造型，但吃起来却与一般蛋糕有着大不相同的味蕾享受。

薄饼软中带嚼劲儿的特性是从掌握文火慢煎的耐心而来，当面糊受热刚刚上色的刹那，正是起锅的好时机，否则煎过头，就只能当脆饼了。

柠檬小挞

被勾引出的淡雅香气。

分量
约30片

准备事项

1. 无盐奶油放在室温下软化。
2. 准备数个直径5厘米、高2厘米的挞模，挞模内抹油。
3. 细砂糖15克加挞挞粉放在同一容器中。

材料

A. 挞皮：糖粉15克　无盐奶油60克　全蛋1个　香草精1/2小匙　低筋面粉80克　泡打粉1/8小匙

B. 内馅（卡士达酱）：牛奶100克　细砂糖30克　蛋黄2个　低筋面粉20克　无盐奶油30克　柠檬汁1大匙　柠檬皮1个

C. 意大利蛋白霜：蛋白40克　细砂糖15克　挞挞粉1/8小匙　细砂糖70克　水15克

做法

1. 挞皮：糖粉加无盐奶油用橡皮刮刀拌匀，再加入全蛋和香草精，最后同时筛入低筋面粉和泡打粉，轻轻拌成面团状。
2. 面团用保鲜膜包好冷藏，松弛约30分钟，再将面团分割成12等份，分别铺在挞模内，用拇指指腹将面团平均延展推平，并将多余的面团用刮板切掉（参照P.38图a与图b）。
3. 在挞皮表面叉洞，用上、下火各180℃烤约20分钟至挞皮呈金黄色，放凉后脱模备用。
4. 内馅：蛋黄加低筋面粉，放在同一容器中，用打蛋器搅拌成蛋黄糊。将牛奶加细砂糖一起煮至砂糖熔化（图a），慢慢冲入蛋黄糊中，再用小火边煮边搅至浓稠状。
5. 加入奶油、柠檬汁和柠檬皮屑搅拌均匀，放凉后盖上保鲜膜冷藏1小时以上。
6. 意大利蛋白霜：细砂糖70克加水，一起用小火煮至糖熔化成糖浆时，开始将蛋白与15克细砂糖和挞挞粉搅打至湿性发泡，当糖浆煮到121℃时，慢慢冲入打发的蛋白中（图b），再快速将蛋白打至降温且呈光泽状。
7. 将内馅填入已烤熟的挞皮上，再挤上适量的意大利蛋白霜，然后用喷火枪将表面烧呈金黄色（图c）。冷藏后即可食用。

a

b

c

孟老师的Q.S.

每次在打发蛋白时，总觉得蛋白就像个魔术精灵，经过连续不断地搅打，体积膨胀好几倍。除了是蛋糕松发的功臣，还可烤成蛋白糖，既可食用又可装饰，如果与卡士达酱或奶油混合，就是慕斯或是一般蛋糕的美味馅料。

现在所看到的“柠檬小挞”与所谓的“柠檬马林派”其实如出一辙，派与挞的操作手法完全相同，口感也没两样，只是由于外形的大小左右了品尝时的感觉。完成后的成品，必须用喷火枪在打发的蛋白表面快速烘烤一下，出现漂亮的色泽才更令人惊艳，这也是此道点心视觉上的焦点。

a

b

Tips

★卡士达酱的浓稠状及冷藏方式如P.98开心果脆挞的做法。

★内馅的柠檬汁与柠檬皮可随个人喜好做增减。

★测试121℃可用筷子滴一滴糖浆在水中，若不会散开而呈圆球状即是（图a）。

★当糖浆煮至121℃时，锅中应布满绵密的泡沫，且呈浓稠状（图b）。

★煮意大利蛋白霜的糖浆，可直接用目测法或水滴测试法即可。

热可可

郁香醇的热可可，能化解
檬小挞蛋白糖的甜腻感，
尝时可明显感受到口感已
换成另一种滑顺的滋味。

1

2

3

4

5

6

Step 1 **煮牛奶** 在锅中放入牛奶200克、动物性鲜奶油40克，用小火煮至微滚后，先熄火（图1）。

Step 2 **放巧克力** 放入苦甜巧克力60克、无糖可可粉2小匙，搅拌均匀（图2）。

Step 3 **放酒** 倒入爱尔兰蛋奶酒2大匙调味（图3）。

Step 4 **挤鲜奶油** 在热可可液表面挤上几圈动物性鲜奶油（图4）。

Step 5 **装饰** 撒上适量的无糖可可粉（图5）。

Step 6 **完成** 最后用肉桂棒搅拌均匀即可（图6）。

- 最好选用进口含可可脂的苦甜巧克力，口感较好。
- 在放入苦甜巧克力时，可利用余温搅拌，如不易熔化，可再开小火，但要注意勿烧焦。
- 爱尔兰蛋奶酒（Irish Cream）常用在咖啡的调味，一般超市即可购得。
- 可自行斟酌是否需要加糖调味。

布丁世界中最极致的享受。

法式脆糖烤布丁

分量 1份

准备事项

1.准备1个最长处16厘米、最宽处11 厘米、高4厘米的椭圆形烤皿。
2.烤盘内加水，放入烤箱内预热。

材料

全蛋3个 蛋黄1个 细砂糖60克
牛奶300克 动物性鲜奶油50克
香草豆荚1/2根 金砂糖适量

做法

1.全蛋加蛋黄用打蛋器搅拌均匀成蛋液。
2.细砂糖加牛奶、动物性鲜奶油和香草豆荚一起用小火煮至糖熔化后，再慢慢冲入蛋液中，即成为布丁液。
3.将布丁液过筛后倒入烤皿内，用上、下火各180℃隔水蒸烤约30分钟。
4.布丁出炉后，趁热在表面撒上均匀的金砂糖，再用喷火枪快速地将表面烧烤呈焦糖色（图a）。

Tips

★烤盘内的水分最好达烤皿的0.5厘米以上，水分多，蒸烤效果会较好。
★判断布丁是否熟透，可试着将烤模略倾斜，若布丁液不会流动即可出炉；或是用手轻轻地触摸布丁表面，若呈固态状即可。

a

孟老师的O.S.

我本来非常排斥布丁，只因它是我小学时做的第一道甜点，结果惨败，没有道具，没有精准的配方。可想而知，口感甜腻到不行，组织则呈蜂巢状，充其量就是甜的蒸蛋而已。这样恐怖的经验，让我好几十年来对布丁采取不吃、不做、也不买的拒绝态度，当然在我的烘焙课中也一并被淘汰出局了。

后来，一位布丁迷学生在烘焙课中质疑为何独不见布丁芳踪？我才勉为其难地甩掉个人主观意识，开始让布丁在我的料理台上崭露头角，也强迫自己要善待这迷倒众人的甜点。

布丁从食材的讲究到火候的控制都马虎不得，奢侈一点儿，可在布丁液中添加一根香草豆荚一同熬煮，顿时就让单纯的蛋味、奶味增色不少，也给味蕾带来极致的享受。尤其入口即化的布丁搭配上满口焦糖香，其绝妙滋味让布丁再也不只是布丁了。

称“脆糖烤布丁”（Cream Brulee）主要是想与传统的焦糖布丁做区别，虽然两者都以焦糖提味，但品尝风味却大异其趣。也不想直译成“烤布雷”，总感觉与成品或口感特色搭不上关系。布丁表面的金砂糖被熊熊火焰瞬间焦化的美妙画面以及所形成的薄脆透明又铿锵有声的焦糖，正是这道甜点的魅力所在，也值得您在众人面前精彩秀一下哟！

巧克力舒芙蕾

稍纵即逝的绝妙美味。

分量
8个

准备事项

1.准备数个直径8.5厘米、高4厘米的陶瓷烤皿。
2.烤皿内抹油并撒上均匀的细砂糖（图a）。
3.低筋面粉加可可粉一起过筛。
4.烤箱预热。

材料

蛋黄40克 牛奶120克 朗姆酒1小匙 低筋面粉40克 无糖可可粉40克 无盐奶油20克 蛋白120克 细砂糖 60克

做法

1.蛋黄加牛奶、朗姆酒用打蛋器拌匀，再加入筛过的粉料拌成可可面糊。
2.无盐奶油隔热水加热熔化，趁热倒入做可可面糊内拌匀。
3.蛋白用搅拌机打至起泡，分三次加入细砂糖，同时用快速打至九分发即可（参照P.56图c）。
4.取出1/3的打发蛋白与做法2的可可面糊拌和，再将剩余的蛋白全部加入，并用橡皮刮刀轻轻从容器底部刮起拌匀（参照P.79图e）。
5.将做法4的面糊填满至烤皿内，并将表面抹平，用上、下火各190℃烘烤约25分钟。
6.出炉后即可撒糖粉，并趁热食用。

Tips

★出炉后会慢慢消泡收缩，这是正常现象。

孟老师的O.S.

有人说“舒芙蕾”（Souffle's）就是“让人等”三个字的代名词。想吃这道点心，可得耐得住性子，通常在餐厅享用时，需要现点、现做、现吃。从材料的准备到打发蛋白完成烘烤，所有时间都在考验食客，在享受美味之前，总是必须学会等待。

舒芙蕾就是典型利用大量的打发蛋白，经过高温烘烤受热渐渐膨胀而成，当出现最饱满亮丽的膨胀空间时即可出炉，并在第一时间实时享用，否则，遇冷气泡萎缩消失，美味也就荡然无存了。有一次看到一个日本的美食节目正在介绍舒芙蕾，其中一句话到现在还令我印象深刻：“舒芙蕾，让人措手不及的慌乱，正是此道点心的魅力所在。”

a

微醺迷人的成人风味。

意式咖啡奶冻蛋糕

分量 5个

准备事项

1. 吉利丁片用冰开水泡软并挤干水分。
2. 准备5个直径5.5厘米、高3厘米的圆模慕斯框，再用铝箔纸从模型底部包好。

材料

A. 蛋糕底：奥利奥巧克力饼干5片

B. 蛋糕体：蛋黄3个 低筋面粉15克 牛奶200克 细砂糖40克 吉利丁片2片 意式浓缩咖啡2大匙 卡鲁哇咖啡酒2大匙 烤熟的碎核桃10克 奥利奥巧克力饼干5 片

C. 酒糖液：意式浓缩咖啡1大匙 卡鲁哇咖啡酒1小匙 细砂糖1小匙

D. 装饰：意式浓缩咖啡少许 镜面果胶20克 咖啡形巧克力豆5粒

做法

1. 蛋糕底：奥利奥巧克力饼干分别铺在每个圆模慕斯框的底部（图a）。

a

2. 蛋糕体：蛋黄与低筋面粉一起用打蛋器搅拌成蛋黄糊。牛奶加细砂糖，用小火煮至熔化，慢慢冲入蛋黄糊中。放回炉火上，用小火煮成浓稠状，趁热加入吉利丁片，确实搅拌均匀并熔化。拌入意式浓缩咖啡和咖啡酒，再隔冰水降温至浓稠状，即成咖啡奶冻。
3. 酒糖液：意式浓缩咖啡加卡鲁哇咖啡酒和细砂糖，搅拌至糖熔化。
4. 将做法1内的饼干刷上酒糖液，再将咖啡奶冻倒入模型内约1/2的高度，再放一片奥利奥巧克力饼干，并刷上酒糖液，然后在饼干上放适量烤熟的碎核桃，最后再用咖啡奶冻填满。
5. 装饰：冷藏约2小时凝固后，用刷子在表面刷卡不规则的意式浓缩咖啡，再抹上均匀的镜面果胶，放上一粒咖啡形巧克力豆，冷藏后即可食用。

孟老师的Q.S.

说真的，第一次做完这道点心，试吃时，我完全被那出乎意料的美味所感动，它所呈现的美味已超出我原来的期待。将现煮意式浓缩咖啡最完美的滋味，快速封锁在香滑的酒香酱汁中，再与湿润浓醇的巧克力饼干相互震荡，层层香气透过口腔中的温度慢慢晕开，迷人的整体口感是味蕾极致的享受。

这几年来上了无数次“食全食美”节目，早已摸清了主持人“嗜甜点”的口味偏好，也每每从试吃时的表情，便可轻易感受到甜点被评价的美味指数。这道“意式咖啡奶冻蛋糕”被号称“甜点饕客”的主持人焦志方先生评定为媲美提拉米苏的滋味，您可一定要试试！

Tips

★ 如无法自制意式浓缩咖啡，可至一般的咖啡店中购买来制作。

★ 如无法购得卡鲁哇咖啡酒，可用朗姆酒代替。

★ 做法2同卡士达酱做法，但浓稠状的感觉要比卡士达酱稍微稀一点儿。

★ 将材料直接装入容器内制作，也非常理想。

卡鲁哇咖啡酒（Kahlua）：

酒精浓度为26.5%，适合添加在坚果、奶制品、巧克力和咖啡风味的慕斯或酱汁中，也适合直接添加在牛奶或咖啡中增添风味。

抹茶卷心酥饼

一次品尝两种饼干的美味。

分量 约40片

准备事项

无盐奶油放在室温下回软。

材料

A. 无盐奶油85克 糖粉50克 香草精1/4小匙 全蛋10克 低筋面粉120克

B. 无盐奶油150克 糖粉50克 低筋面粉200克 抹茶粉3小匙

做法

1. 将材料A的无盐奶油、糖粉和香草精用橡皮刮刀搅拌均匀，再加入全蛋继续拌匀。
2. 筛入面粉，轻轻拌成面团状，放在保鲜膜上，用手摊压成厚约0.3厘米的长方形并压平（图a），包好后放进冰箱冷藏，松弛约20分钟。
3. 将材料B的无盐奶油加糖粉用橡皮刮刀搅拌均匀，然后一起筛入面粉和抹搽粉，用橡皮刮刀拌成面团状，并放在保鲜膜上整形成圆柱体（长度约与A面团相同），包好后放进冰箱冷藏凝固约30分钟。
4. 将凝固后的B面团放在A面团上，完全密合地裹住，滚圆整形好后再冷藏20分钟（图b）。
5. 将做法4的凝固面团切成厚约0.8厘米的片状（图c），放入已预热的烤箱内。用上火180℃、下火160℃的火温烘烤约25分钟即可。

Tips

★ 面团卷起时，需注意A面团的软硬度，如冷藏过久，无法卷起时，需在室温下稍微回软，否则容易断裂。

★ 双手拉起面团下的保鲜膜，即可以轻易卷起A面团。

孟老师的Q.S.

就点心学而言，将两种属性相同但风味不同的东西摆在一起，如果出现互补关系，还能强化口感、滋味与外观效果，那么，肯定风貌就不会单调。像这道“抹茶卷心酥饼”的两种口味饼干，本来就可以独立存在，而将两者合而为一和平共处时，还会产生不同的味觉与视觉效果。

您可以依循一下做饼干的游戏规则，从口味到口感，从色泽到外形，寻找相关又贴切的变化元素。更大胆的话，不妨试试将两种风马牛不相及的东西做天衣无缝的完美结合，看看会不会撞击出另类的美味火花。

a

b

c

布烈挞尼酥饼

酥、香、松，酥饼中的极品。

分量 约12个

准备事项

1.无盐奶油放在室温下软化。
2.低筋面粉加泡打粉一起过筛。
3.烤箱预热。

材料

A.无盐奶油120克 糖粉60克 盐1/4小匙 香草精1/4小匙 蛋黄1个 低筋面粉130克 泡打粉1/4小匙 杏仁粉15克

B.装饰：蛋黄1个

做法

1.无盐奶油、糖粉、盐和香草精先用橡皮刮刀搅拌均匀，再加蛋黄继续拌匀。
2.加入筛过的面粉、泡打粉后，再倒入杏仁粉，继续用橡皮刮刀轻轻拌匀成面团状。
3.将面团放在保鲜膜上，用手稍微压平，再包好冷藏30分钟以上。
4.将面团擀成约1厘米的厚度，再用小圆框切割面团，一起放在烤盘上。
5.在面团表面用叉子画上交叉线条，再刷上蛋黄液，用上火180℃、下火150℃烘烤约25分钟，关火后再继续用余温焖10分钟。

Tips

★面团整形时，可直接蘸粉用手压平，而不需使用擀面杖。
★小圆框内的面团高度尽量控制在模型约七分满处。
★熄火后，继续用余温焖，口感才会酥松。
★面团需套在圆框内一起烘烤，形状才不会扩散。

孟老师的Q.S.

布烈挞尼酥饼有另一个更贴切的名称葛雷特（克alette），意指在圆形平扁的铁板上做出的点心。讲到法国的布烈挞尼，除了这款厚厚的酥饼外，还会想到另一个薄薄的可丽饼，这一厚一薄的两样点心，堪称是布烈挞尼地区并驾齐驱的两大“名饼”。

为了突显酥松的口感，制作时饼皮需要有个厚度，另外，还要在表面涂上蛋黄，最后再画上招牌的交叉线条，才算地道。

薄荷话梅热茶

甜中带酸的薄荷话梅热茶与浓郁奶香的布烈挞尼酥饼一起品尝，会出现令人意想不到的甜美滋味。

Step 1 **温壶** 将玻璃壶用沸腾滚水温过。

Step 2 **入茶包** 放入一个锡兰红茶的茶包，并放3粒话梅和5片薄荷叶。

Step 3 **冲泡保温** 注入500毫升热水，焖泡约3分钟，可放在保温座上继续保温（左图）。

注意话梅焖泡的时间，过久会有咸味。

锡兰红茶也可改由其他品种代替。

薄荷话梅热茶制作的重点在强调薄荷的风味，而话梅则以提味效果为原则，味道不要过重。

拿铁慕斯杯

牛奶与咖啡的邂逅。

分量 3个

准备事项

1.吉利丁片用冰开水泡软并挤干水分。

2.速溶咖啡粉加冷开水，搅拌均匀成浓缩咖啡液。

3.准备3个容量200毫升的玻璃杯。

孟老师的Q.S.

“拿铁”就是咖啡与牛奶的邂逅。只不过我让它成了静止状态，您可以按照个人的口味，不必坚持比例，也不用刻意划清黑、白界线。当水乳交融的刹那，即可品尝到浓郁的咖啡香气与滑润奶酪的厚实感在口腔中的不同角落散开。

从喝拿铁到舀拿铁，体验不同的舌尖滋味，同时也能转换一下不同的品尝风情。

材料

A.牛奶150克 细砂糖50克 香草豆荚1/2根
吉利丁片2片 动物性鲜奶油150克
速溶咖啡粉3小匙 冷开水1小匙

B.装饰：动物性鲜奶油（要打发）50克
肉桂粉少许

做法

1.将浓缩咖啡液平均倒入3个玻璃杯内备用（图a）。

2.牛奶加细砂糖和香草豆荚，用小火煮至细砂糖熔化，趁热加入吉利丁片拌匀，将香草豆荚取出，用打蛋器确实搅拌均匀并熔化，再隔冰水降温至浓稠状。

3.动物性鲜奶油打至七分发，先取1/3的量与做法2的材料拌和，再将剩余的鲜奶油全部加入拌匀成牛奶慕斯。

4.将牛奶慕斯平均倒入做法1的玻璃杯内，再用小汤匙从杯底轻轻搅动，使牛奶慕斯与浓缩咖啡液稍微混合（图b），冷藏约1小时使其凝固。

5.装饰：在表面挤上适量的打发鲜奶油，并撒上少许肉桂粉即可。

Tips

★速溶咖啡粉可随个人接受程度做增减。

★表面装饰的打发鲜奶油也可省略，但若使用，选择动物性鲜奶油口感较好。

a

b

炸薯球

一酥一软，游荡舌尖的平民美味。

分量 约15个

准备事项

1.马铃薯洗净削皮切成块状，用中火蒸软。

2.准备油炸锅。

材料

马铃薯泥300克 无盐奶油25克 盐1/2小匙

黑胡椒1/4小匙 蛋白1个 粗椰丝适量

做法

1.马铃薯蒸软后趁热用叉子压成泥状，加无盐奶油搅拌均匀，再加入盐和黑胡椒调味。

2.取适量调味好的薯泥，搓揉成直径约2厘米的圆球状，在表面均匀地蘸上蛋白，最后再沾裹上适量的粗椰丝。

3.将色拉油加热至约170℃，放入薯球炸至呈金黄色即可。

Tips

★油温不要太高，测试方式参照P66酥炸葡萄奶酥的Tips。

★粗椰丝也可用面包粉代替。

孟老师的Q.S.

马铃薯，如此平民化的食材，却有着千变万化的料理方式。无论入菜还是当成甜点，不论当它是主食还是配菜，都能因应不同的需求，或甜或咸也能随心所欲。尤其与各类食材融合的包容性，可以让您轻易做出美味料理。

因此，可以试着在薯泥中再加料，像是培根、玉米粒、洋葱丁，甚至海鲜也行，经过油炸后，酥脆的壳、松软的馅，会让您一口接一口，难以停口。

粗椰丝：由椰子果实制成，加工后有不同的长短，含食物纤维，常用于糕点装饰。

吉士饼

风味与口感协调的奶酪甜点。

分量 1份

准备事项

1.准备1个18厘米×18厘米的正方形烤模。
2.取一张长、宽各30厘米的铝箔纸铺在烤模内，以利脱模。
3.奶油奶酪和无盐奶油放在室温下软化。
4.烤箱预热。

材料

A.饼皮：低筋面粉50克 糖粉10克 无盐奶油25克 蛋黄10克 杏仁粒15克
B.蜂蜜杏仁片：杏仁片15克 蜂蜜10克
C.吉士馅：奶油奶酪100克 无盐奶油15克 细砂糖45克 全蛋50克 牛奶1大匙 香草精1/2小匙

做法

1. 饼皮：面粉与糖粉混合均匀，再将奶油放在粉堆中用手轻轻搓揉成均匀的细颗粒（参照P80图a），加入蛋黄后，继续用手搓成均匀松散状，然后加入杏仁粒，直接铺在烤盘上压平（参照P80图c）。
2. 蜂蜜杏仁片：杏仁片加蜂蜜，用小火稍微拌炒均匀即可。
3. 奶酪馅：奶油奶酪、无盐奶油和细砂糖用打蛋器搅拌均匀，再加入全蛋拌匀，最后加入牛奶和香草精拌成均匀的奶酪糊，倒在饼皮上，并将表面抹平。
4. 用上火180℃、下火190℃烤约15分钟，再将蜂蜜杏仁片平均铺在吉士馅的表面。
5. 烤约10分钟，表面呈金黄色即可。

Tips

★使用打蛋器搅拌均匀即可，搅拌速度不要太快，以免烘烤时表面龟裂。

★如用不沾裹蜂蜜的杏仁片，则直接撒在生的奶酪馅上一起烘烤即可。

孟老师的O.S.

绵软滑顺的奶酪馅，表面附着一层蜂蜜杏仁片，搭配底部酥松的坚果饼皮，三者合而为一，风味与口感协调，迷人的坚果香气与淡淡的奶酪口感相互冲击下，绝对与一般奶酪糕点有着不同的品尝滋味。

对于各式奶酪点心，每个人的接受程度都有不同，有人认为强烈突出的奶酪香是人间美味，却有人望而怯步。对于想要浅尝辄止的人，我建议不妨吃吃看这道“奶酪饼”。

冰摩卡咖啡

冰凉的冰摩卡咖啡，有香浓的奶味和微苦的咖啡香，与坚果风味的奶酪饼交错品尝，无形中将点心与饮料两种截然不同的香气均发挥到极致。

1

2

3

4

5

6

Step 1 放巧克力酱 在玻璃杯内放入半杯冰块，再倒入约20克巧克力酱（图1）。

Step 2 倒冰牛奶 倒入约150毫升全脂牛奶（图2）。

Step 3 搅拌 用长汤匙搅拌均匀（图3）。

Step 4 倒入咖啡 倒入约30毫升的意式浓缩咖啡（图4）。

Step 5 放冰淇淋 挖一球香草冰淇淋放在最表面（图5）。

Step 6 装饰 撒上无糖可可粉和少许巧克力屑装饰（图6）。

■冰摩卡咖啡所使用巧克力酱的量会影响甜度。

■表面的冰淇淋最好选用香草口味，味道较合。

本书由 中国台湾叶子出版股份有限公司授权辽宁科学技术出版社在中国大陆地区（不含中国香港地区和中国澳门地区）独家出版简体中文版本。本书繁体版本由中国台湾叶子出版股份有限公司出版，作者为孟兆庆。

著作权合同登记号：06-2009第347号。

图书在版编目（CIP）数据

孟老师的下午茶/孟兆庆著.—沈阳：辽宁科学技术出版社，2010.4

ISBN 978-7-5381-6317-9

Ⅰ.①孟… Ⅱ.①孟… Ⅲ.①糕点-制作-西方国家 Ⅳ.①TS213.2

中国版本图书馆CIP数据核字（2010）第028819号

出版发行：辽宁科学技术出版社

（地址：沈阳市和平区十一纬路29号 邮编：110003）

印 刷 者：沈阳天择彩色广告印刷有限公司

经 销 者：各地新华书店

幅面尺寸：168mm×236mm

印 张：10

字 数：150千字

印 数：1~5000

出版时间：2010年4月第1版

印刷时间：2010年4月第1次印刷

责任编辑：康 倩

封面设计：屈 铭

版式设计：屈 铭

责任校对：李 雪

书 号：ISBN 978-7-5381-6317-9

定 价：42.00元

联系电话：024-23284367 联系人：康 倩 编辑

地址：沈阳市和平区十一纬路29号 辽宁科学技术出版社

邮编：110003

E-mail:connie@hotmail.com

http://www.lnkj.com.cn